实用时装画技法丛书

时装画技法
主题表现

蔡 蕾 主 编

金 玲 蔡 迪 副主编

中国纺织出版社

内 容 提 要

本书从专业院校服装设计人才培养的角度出发来进行编写，内容分为三个部分：第一部分，主题时装画概述；第二部分，详尽地阐述了主题时装画的表现，包括性主题、复古主题、民族主题、嬉皮士主题、朋克主题、雅皮士主题、未来主题、中国主题；第三部分，分析时装画大师的作品，以提高学习者的鉴赏能力和绘画能力。

本书在介绍各个主题概念的同时，结合案例分析主题时装画的绘制过程，使学习者可以轻松掌握主题设计，再结合时代特征以及设计原则，通过头脑风暴，参考当代潮流进行设计的方法，从而绘成最终的主题时装画。

本书内容新颖、图文并茂、通俗易懂，注重实用性和创新性，既可作为高校服装设计、形象设计、服装表演等相关专业的教材，也可作为从业人员的设计参考用书。

图书在版编目（CIP）数据

时装画技法：主题表现 / 蔡蕾主编． --北京：中国纺织出版社，2015.9

（实用时装画技法丛书）

ISBN 978-7-5180-1818-5

Ⅰ．①时… Ⅱ．①蔡… Ⅲ．① 时装—绘画技法—高等学校—教材 Ⅳ．①TS941.28

中国版本图书馆CIP数据核字（2015）第156773号

责任编辑：华长印　　　责任校对：余静雯
责任设计：何　建　　　责任印制：储志伟

中国纺织出版社出版发行
地址：北京市朝阳区百子湾东里A407号楼　邮政编码：100124
销售电话：010—67004422　传真：010—87155801
http://www.c-textilep.com
E-mail：faxing@c-textilep.com
中国纺织出版社天猫旗舰店
官方微博http://weibo.com/2119887771
北京佳诚信缘彩印有限公司印刷　各地新华书店经销
2015年9月第1版第1次印刷
开本：887×1194　1/16　印张：6.25
字数：63千字　定价：39.80元

凡购本书，如有缺页、倒页、脱页，由本社图书营销中心调换

前　言

　　随着社会经济的发展、人们审美意识的提高，不同时代对时尚的理解各不相同。时尚是在不断更新和变化的，时装画表现技法也随着时尚的变化而不断地变化，包括服装的款式、色彩、面料等。在时装画的初学阶段，学习者应该着重掌握人体的比例、五官刻画、线条表现等；在第二个阶段，学会用不同的材料表现各种服装面料、款式和色彩；在第三个阶段，我们要掌握主题时装画的表现。风格式主题是时尚设计的根基，任何设计形式都是根据某一风格式主题进行展开设计的，设计师要有良好的主题把握能力。设计主题主要包括八大主题：性主题、复古主题、民族主题、嬉皮士主题、朋克主题、雅皮士主题、未来主题、中国主题。现代高等专业院校以及企业培养的相关设计人才，除了了解各种时尚信息外，还需要了解风格式主题设计，并能够通过时装画表现出来。

　　时装画是服装设计得以呈现的基础，只有掌握扎实的时装画技法，才能得心应手地进行设计与表现，它是服装设计师用来表达设计构思、创意和展现服装穿着效果的一种绘画形式，也是和同行、客户进行交流的重要表现形式。

　　本书由广东技术师范学院蔡蕾担任主编，广州大学纺织服装学院金玲、郑州铁路职业技术学院蔡迪担任副主编，常州纺织服装职业技术学院蒋坤、广东技术师范学院谢楠原等参与了本书的编写。在编写过程中得到了国内相关行业及院校专家的支持和帮助，并参考了一些文献资料，同时对许多专业人士的理论知识和内容进行了归纳整理，特别是得到东华大学卞向阳老师的理论指导，在此表示衷心的感谢。

　　由于时间紧迫及编写水平有限，本书还存在许多不足之处，还望得到业内外人士的批评指正。

金玲

2015.4

◆ 目录

◆ **第一章　主题时装画概述**　　　　　　　　　　1

第一节　认识主题时装画　　　　　　　　　　2
一、主题时装画概念　　　　　　　　　　2
二、主题时装画分类　　　　　　　　　　3
第二节　主题时装画的历史与发展　　　　　　4

◆ **第二章　主题时装画表现**　　　　　　　　　　7

第一节　性主题时装画　　　　　　　　　　8
一、性主题的概念　　　　　　　　　　8
二、服装艺术中的性主题设计　　　　　　8
三、性主题时装画实例　　　　　　　　10
第二节　复古主题时装画　　　　　　　　22
一、复古主题的概念　　　　　　　　　22
二、服装艺术中的复古主题设计　　　　22
三、复古主题时装画实例　　　　　　　23
第三节　民族主题时装画　　　　　　　　32
一、民族主题的概念　　　　　　　　　32
二、服装艺术中的民族主题设计　　　　32
三、民族主题时装画实例　　　　　　　33
第四节　嬉皮士主题时装画　　　　　　　41
一、嬉皮士主题的概念　　　　　　　　41
二、服装艺术中的嬉皮士主题设计　　　41
三、嬉皮士主题时装画实例　　　　　　42

第五节　朋克主题时装画   49

    一、朋克主题的概念   49

    二、服装艺术中的朋克主题设计   49

    三、朋克主题时装画实例   50

第六节　雅皮士主题时装画   56

    一、雅皮士主题的概念   56

    二、服装艺术中的雅皮士主题设计   56

    三、雅皮士主题时装画实例   57

第七节　未来主题时装画   66

    一、未来主题的概念   66

    二、服装艺术中的未来主题设计   66

    三、未来主题时装画实例   67

第八节　中国主题时装画   73

    一、中国主题的概念   73

    二、服装艺术中的中国主题设计   73

    三、中国主题时装画实例   75

◆ **第三章　时装画大师作品欣赏**   83

参考文献   93

第一章

主题时装画概述

第一节　认识主题时装画

在原始社会时期，服装最初的原始功能是祛风避寒、保护人体免受伤害；然而，随着人类文明的不断进步，对服装的功能在原有的基础上逐步发展为以包装、美化人体为主。在现代社会中，服装已经成为一个国家、一个地域、一个民族的经济、科技、政治实力的标志，甚至成为一个民族文化的重要表现手段。伴随着服装行业的不断进步，时装画这一新兴画种也在不断地发展。主题主要指文学艺术作品中所蕴含的基本思想，它是作品所有要素的辐射中心和创作虚构的制约点。题材、艺术形象、作者的思想深度、生活经验以及艺术表现方法等都是主题时装画表现好坏的影响因素。

一、主题时装画概念

主题时装画是时装的一种表现形式，是根据设计师所选取的题材来确定主题，再根据该主题进行时装效果图绘制的全过程。

大千世界为服装的设计构思提供了无限宽广的素材。设计师可以从过去、现在和未来的各个方面挖掘题材，寻找创作源泉，同时还要根据流行趋势和人们思想意识情趣的变化，选择符合社会要求，具有时尚风格的设计题材，使作品达到一种较高的艺术境界。例如，可以从现代工业、现代绘画、宇宙探索、电子计算机等方面选材，让服装充满对未来的想象与时代信息；可以从不同民族、不同地域的民俗民风中取材，表现民族或地域情调（图1-1）；可以从大自然中、从生物世界中取材，如森林、大海、草原、鸟兽虫鱼、花卉草木等，展现出绮丽多姿的自然风采；可以从历史中取材，回顾历史的题材则更加广泛而有传统，可以抒发出人们怀古、怀旧的情感和浪漫的意境（图1-2）。

图1-1　杰姆（JAMU）作品

图1-2 丽斯罗特·沃特金斯
（Liselotte Watkins） 作品

图1-3 戴维·道腾
（David Downton） 作品

二、主题时装画分类

在众多题材中取其一点，集中表现某一特征，称为主题。主题是作品的核心，也是构成流行的主导因素。国际时装界十分注重时装流行主题的定期发布，以使各国设计师在这些主题的指导下，进行款式、面料和色彩的探索，从而不断推出新款服装。但不论时尚如何变化，设计主题仍然是永恒的话题。常见的主题有性主题、复古主题、民族主题、嬉皮士主题、朋克主题、雅皮士主题、未来主题和中国主题等（图1-3）。

戴维·道腾（David Downton），著名时尚插画家以及高级订制服装界的核心人物，创作了多幅佳作，他将部分创作化为图稿上的不朽精神。凭恃着他锐利的双眼及对女性优雅的永恒诠释，借由水粉颜料及水墨，以写意的手法，创作出诸多大气、美观的时尚插画。

主题时装画是服装设计师设计服装的第一步，也是极其重要的一步。把服装的造型、面料质感、发型配饰等设计细节以绘画的形式表现出来，将设计师的设计构思化为可视形态，提高服装设计效果的同时使人们能够了解其意图并提出修改意见。

设计主题确定后，围绕主题即可进一步着手与之相关的一系列工作，使主题能够得以完美表达。这些工作包括：提出倾向性主题，明确时装观念，寻求灵感启发，确立设计要点，选择面料、图案与色彩，使用服装配件，协调整装效果等。

第二节　主题时装画的历史与发展

　　据所记载的资料显示，时装画作为独立的画种存在是源于17世纪中叶的欧洲。当时的欧洲，出现在杂志上的时装插图被称为时装样片，后人则称之为时装插画。主题时装画是时装画类别中的一个新兴画种。它是根据某一具体主题，以服装的结构为主体，重点突出面料的质地、款式、色彩、工艺结构以及风格，通过一定的艺术处理手段来表现时尚服装服饰的款式特征和展现穿着后的美感为目的的一种新兴画种。主题时装画是服装设计的第一步，是服装设计中的重要组成部分，更是宣传时装、传播时装信息的媒介（图1-4、图1-5）。

图1-4　时装插画

图1-5　时装插画

　　这个时期的时装插画单纯地以表现服装形态为主，人物动态呆板，没有作者自己的个性或情感表现，艺术观赏性较低。

　　18世纪末19世纪初，欧洲资本主义经济的飞速发展也带动了服装业的迅猛发展，在英、法等国家兴起了纺织工业革命。特别是在缝纫机发明后，服装的生产变得批量化和规模化，时装也逐渐大众化、平民化，而时装画也在此时期随之发展（图1-6～图1-8）。

　　20世纪初兴起的众多艺术流派对时装画产生了极大的影响，时装画由从前的单一、平实绘画风格逐渐变得多样化，成为一种独立的绘画门类，并随着时装的流行影响着世界（图1-9～图1-11）。

　　20世纪30年代，*VOGUE*杂志第一次使用照片作为封面，随后照片逐渐取代时装画版面，因此时装画受到严峻的挑战。20世纪80年代，人们逐渐认识到时装画不仅用于时装杂志，而且对表现服装效果起到至关重要的作用，使时装画再次受到关注（图1-12～图1-14）。

图 1-6 时装插画

图 1-7 阿尔方斯·穆哈
（Alphonse Maria Mucha）作品

图 1-8 奥博利·比亚兹莱
（Aubrey Beardsley）作品

图 1-9 保罗·易利伯（Paul Lribe）作品

注：

保罗·易利伯是"装饰艺术"运动时期最杰出的时装插画家之一，是保罗·波烈的御用画家。

图 1-10 乔治·巴比尔
（George Barbier）作品

图 1-11 乔治·巴比尔
（George Barbier）作品

图 1-12 勒内·格吕奥
（Rene Gruau）作品

图 1-13 安东尼奥·洛佩兹
（Antonio Lopez）作品

图 1-14 安东尼奥·洛佩兹
（Antonio Lopez）作品

20 世纪 90 年代，我国服装行业迅猛发展，优秀的设计师和时装插画家亦不断涌现，他们以自己的艺术语言活跃在时装画领域（图 1-15、图 1-16）。

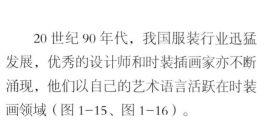

图 1-15 张肇达 作品

图 1-16 张肇达 作品

第二章

主题时装画表现

第一节　性主题时装画

一、性主题的概念

性主题的实质就是"美"与"魅力"，它们成为性对象最原始也是最直接的表征。审美倾向的改变使得性主题成为服装设计的基本表现动力，它是设计者的创造力和想象力的源泉之一，通过"露"与"遮"等设计语言对身体某些特定部位加以强调来传达性主题信息。

性主题分为男性主题、女性主题以及中性主题。

二、服装艺术中的性主题设计

女性性感和男性性感成为服装发展的原动力，实质是有目地考虑不同社会文化、生活习俗等背景下的审美心理。美国流行音乐歌手麦当娜（MADONNA）在1992年让·保罗·戈尔捷（JEAN PAULGAULTIER）的时装发布会上，着完全裸露上半身的性感女装（图2-1），这是性主题设计中女性主题设计的经典案例。

早在服装的起源中就曾出现过"异性吸引说"的理论，它强调服装成为强调男女的生理特征，拉大性别的差距，定义性别角色，形成性吸引的工具。基于男性的生理特征和社会功能定位，强调男性的阳刚之美，是男性主题服装的基本特征。16世纪的欧洲，当时上层社会的男性就喜爱穿白色紧身裤袜，男子短裤在腹下部分出现了所谓"股袋（LODPIECE）"，彰显男性的性特征（图2-2），这是服装艺术中男性主题设计的经典案例。

亚历山大·王（Alexander Wang）在2014春夏女装发布中，以其对中性风格的独特诠释，打造出中性大气的时尚风格。设计师高瞻远瞩，具有极敏锐的时尚触觉，不仅在时装方面，他对于整个流行文化都具有独到的见解及影响力（图2-3）。

赫本在电影《蒂凡尼的早餐》中所穿着的纪梵希黑

图2-1　麦当娜
（MADONNA）

图2-2　《英王亨利八世
(1491-1547)肖像》

色长裙曾拍出了 80.7 万美元的天价。我们对纪梵希品牌的女性黑色连衣裙设计留下了很深的印象。2011 年纪梵希（Givenchy）秋冬高级时装发布会中，其作品将女性主题与市场设计结合得非常巧妙，半透明的欧根纱作为整件上衣的主要面料，配合不透明的领子和袖子设计，若隐若现地呈现出女性性感、妩媚又职场化的完美设计（图 2-4）。

伊曼纽尔·温加罗（Emanuel Ungaro）以打破服装界的黄金规律，将格子和条子混在一起的设计脱颖而出。典型的《Ungaro》系列是斑马条纹、苏格兰方块和艳丽花朵与若隐若现的薄纱面料的自由组合，伊曼纽尔·温加罗 2011 秋冬时装秀展现了其品牌风格与性主题的完美结合（图 2-5）。

图 2-3 亚历山大·王（Alexander Wang）2012/13 秋冬

图 2-4 纪梵希（Givenchy）2011 秋冬

喜爱以暗黑风格创作的男性时装品牌瑞克·欧文斯（Rick Owens），于 2015 年在时装秀上展现的秋冬系列，相当大胆地运用剪裁的方法，巧妙地显露出男性生殖器官，此设计不仅广受争议，也让人持续看到瑞克·欧文斯的大胆创新（图 2-6）。

图 2-5 伊曼纽尔·温加罗（Emanuel Ungaro）2011 秋冬

图 2-6 瑞克·欧文斯（Rick Owens）2015 秋冬

三、性主题时装画实例

1. 时装画轮廓设计

创建线稿的方法有很多种，这里介绍一个最为常用的创建方法，那就是用铅笔在绘图纸上绘制线稿，这是最直接、最容易掌握的学习方法。

在 A3 或者 A4 绘图纸上绘制完设计线稿之后，可以根据绘图纸的大小来选择扫描仪，经过扫描得到线稿的电子版（图 2-7）。下面将介绍如何用通道抠图得到理想清晰线稿的过程。

（1）建立文件

点击"文件—新建"建立一个新文件，名称为"性主题效果图"，设置宽度为"40 厘米"，高度为"27 厘米"，分辨率为"300 像素 / 英寸"，颜色模式为"RGB"，背景内容为"白色"（图 2-8）。

（2）打开文件

点击"文件—打开"，将（图 2-7）线稿用【移动工具】 拖入新建的文件"性主题效果图"中，依次排列整齐（图 2-9）。

（3）合并图层

将刚才拖入进来的图层"款

图 2-7　草图

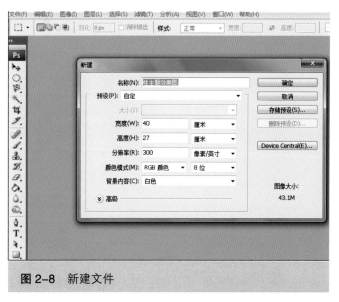

图 2-8　新建文件

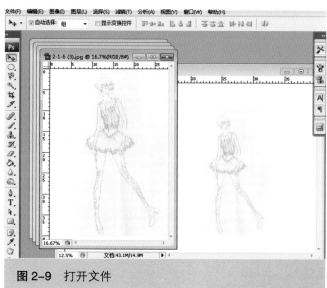

图 2-9　打开文件

式1""款式2""款式3""款式4"全部选中，右键"合并图层"，得到"款式"图层（图2-10）。

（4）处理线稿

通过菜单栏的"图像—调整—去色"命令得到黑白线稿（图2-11）。

图2-10　合并图层

图2-11　去色

（5）调整图像

点击"自动"后，把拖柄往中间拉动，直到线条清晰，背景干净整洁为好（图2-12）。

（6）把背景图层转化为普通图层

转化的方法是按住

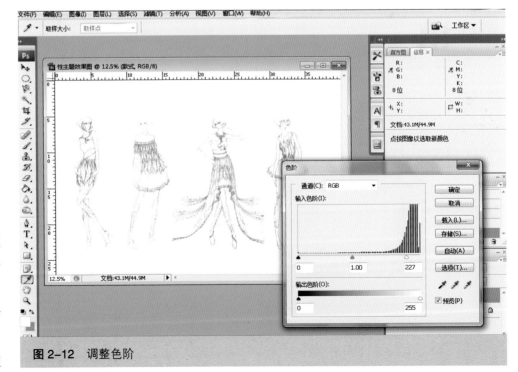

图2-12　调整色阶

【Ctrl】键双击图层前面的图标，将背景层转化为"图层0"（图2-13）。

在"通道"中选择一个最清晰的通道，该案例选择了红色通道（图2-14）。

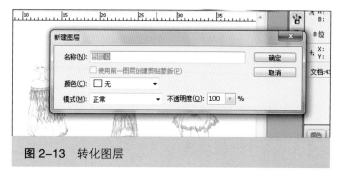

图2-13　转化图层

图2-14　选取通道

（7）复制通道，得到红色通道副本

复制通道的方法是直接将红色通道拖动到【创建新图层】图标，即可得到"红副本"（图2-15）。

（8）建立选区

点击红色通道副本，并按住【Ctrl】键，建立选区（图2-16）。

（9）反选选区

按住【Ctrl+Shift+I】键反选选区（图2-17）。

（10）新建图层

图2-15　复制通道

按住【Alt+Delete】键填充前景色为黑色（图2-18），得到黑色"抠出线稿"，这样做的目的是为了使线条更明显，之后按住【Ctrl+D】键取消选区，得到清晰的线稿（图2-19）。

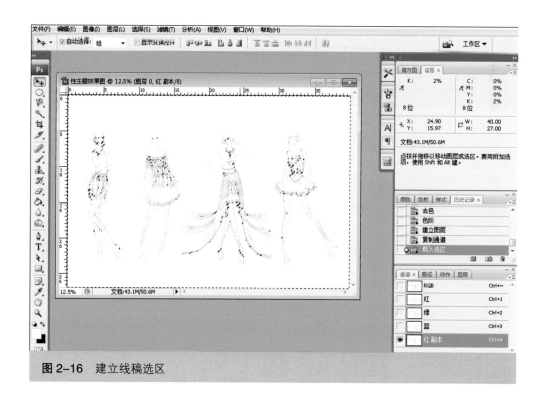

图2-16　建立线稿选区

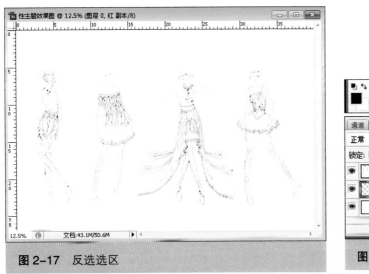

图 2-17　反选选区

图 2-18　加深线条颜色

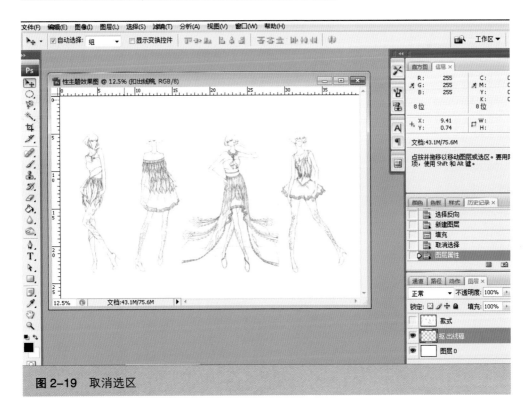

图 2-19　取消选区

（11）隐藏图层

隐藏"图层0"和"款式"图层前面的小眼睛图标（图2-20）。

（12）新建"图层1"

在"图层0"和"抠出线稿"中间，新建"图层1"（以后建立的图层都不能超过"抠出线稿"）（图2-21）。

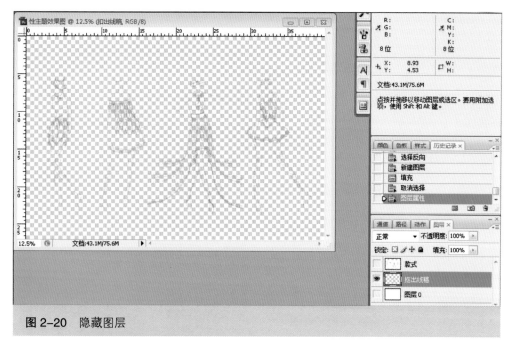

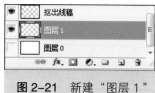

图 2-20　隐藏图层　　　　　　　　　　　　　　　　　　　　　　　图 2-21　新建"图层 1"

（13）得到清晰线稿

按住【Alt+Delete】键，填充前景色白色，（此时已经分开了线稿与背景）得到清晰的线稿（图 2-22）。

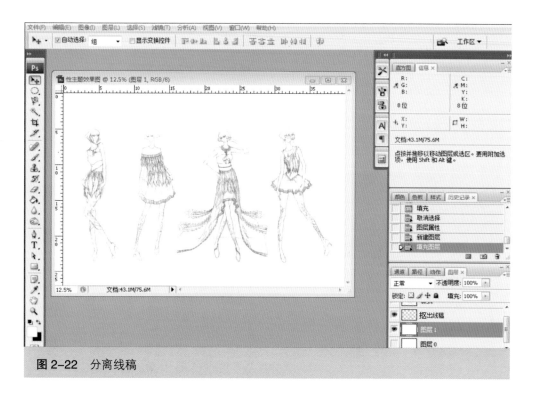

图 2-22　分离线稿

2. 时装画色彩设置

有了线稿之后，其实工作就已经完成了一半，因为时装画的表现关键还是要有好的设计想法，一旦想法确定，那么剩下的工作就是对线稿进行上色，美化整个设计想法。

本案例运用强大的设计软件 Photo shop 来绘制服装的颜色。首先，是服装人体颜色的绘制，我们可以使用【魔棒工具】或者【钢笔工具】套取人体选区，然后在"调色板"中选择我们想要的人体肤色进行填充，这里可以是肉色，也可以是非洲黑色，当然也可以是任何设计师想要的颜色；其次，要为设计师所设计的服装上色了，同样，可以使用【魔棒工具】快速地提取服装局部选区，然后按照设计师想要的效果进行色彩搭配；最后，就是上服饰配件的颜色，比如包包、鞋靴、项链、首饰、头饰、帽子等。

当然，也可以在扫描线稿的阶段就把服装要选用的面辅料同时扫描，这样就可以经过更改面辅料所在图层的分辨率，直接将面辅料拖动到服装效果图局部选区，使得效果图以更加直观的形式展示给纸样师傅和样衣师傅，让他们以更加准确的理解打板制作。

（1）扫描蕾丝面料和羽毛图片（图 2-23）

与手绘效果图的步骤一致，先填充皮肤、人体彩绘、五官与头发的颜色，颜色由浅入深。方法是用【磁性套索工具】或者【魔棒工具】勾出所需要填充的区域，然后选择"肉色"来填充皮肤的颜色（图 2-24），用"蓝色"来填充头发的颜色（图 2-25），得到头部绘画效果（图 2-26）。

当我们设置前景色时，首先单击"工具箱"中的【拾色工具】来设置前景色，打开"前景色对话框"。在对话框里的"拾色器"里选择指定的颜色或者在 RGB 输入框里输入颜色值，最后单击【确定】。

图 2-23
扫描面料与辅料

图 2-26　头部绘画

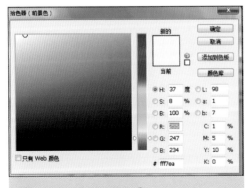

图 2-24　设置前景色①

图 2-25　设置前景色②

（2）平涂填充人体效果

皮肤可以用【减淡工具】🔍和【加深工具】⬤做出一些明暗立体效果。方法和手绘相同，如在下颚、手臂两侧、大腿两侧等区域用适当的加深颜色，在鼻梁、手臂中部、大腿中部等区域适当减淡提亮（图2-27）。

（3）人体、五官与头发刻画

深入刻画人体、五官以及头发的层次与细节，比如可以用浅蓝色来填充头发的高光部分，从而增加立体感（图2-28）。

图 2-27　绘制人体①

图 2-28　绘制人体②

（4）添加服装蕾丝面料效果

在绘制完服装人体之后，就可以开始填充服装的面料和颜色了。首先，先填充蕾丝面料的设计区域，把刚才扫描的蕾丝面料直接拖动到建立好的服装区域。建立服装选区的方法上面已经讲过，可以用【磁性套索工具】或者【魔棒工具】勾出所需要填充的区域（图2-29）。

按住【Ctrl+Shift+I】键反选选区，按住【Delete】键删除不需要的选区外的蕾丝面料，得到填充好的蕾丝面料小裙子（图2-30）。

（5）其余三件填充蕾丝面料

用同样的方法去填充其余三件的蕾丝面料（图2-31）。

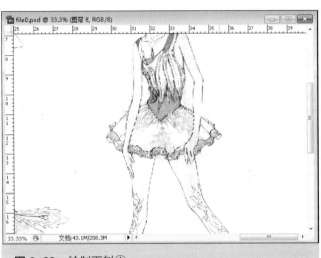

图2-29　绘制面料①

图2-30　绘制面料②

图2-31　绘制面料③

（6）进一步填充服装颜色效果

填充蓝色、黄色服装面料所在的区域，可以直接按照前面所讲的建立选区的方法先建立选区，然后用【油漆桶工具】![漆桶]填充颜色（图2-32）。

（7）绘制其余服装色彩

接下来用同样的方法绘制出其余三套的蓝色、黄色区域的服装色彩（图2-33）。

（8）绘制羽毛填充效果

插入羽毛图片，调整好分辨率，用【移动工具】![移动]拖动到羽毛服装所在选区（图2-34）。

（9）绘制其他羽毛填充效果

用同样方法绘制其他两套羽毛填充效果（图2-35）。

（10）添加配件

添加首饰、鞋子等服饰配件（图2-36）。

（11）得到系列服装效果图

经过以上过程，即先绘制人体，再绘制服装，最后绘制服饰配件的顺序，我们完成了系列服装效果图的绘制（图2-38），此时需要将"抠出线稿"图层放在所有图层的最上面，并且将图层的混合模式改为"正片叠底"（图2-37）。

3. 时装画背景设置

整体背景气氛的渲染可以更好地帮助理解设计师想要表达的设计主题和灵感来源，所以在绘制完服装效果图之后，还需要找到适合该主题的背景放到图层最下端，来达到突出设计思想和丰富画面层次的目的。

（1）保存文件

最后按"文件—存储"将文件保存为"性主题服装效果完成图"，分

图2-32　绘制面料④

图2-33　绘制面料⑤

图 2-34 绘制辅料①

图 2-35 绘制辅料②

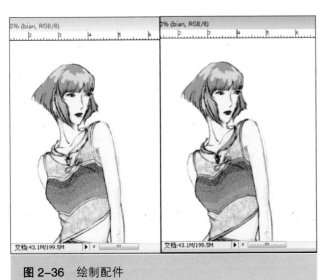

图 2-36 绘制配件

图 2-37 混合模式

图 2-38 时装画完成稿

别保存两种格式：一种是 PSD 格式，这种格式可以保留原始图层，方便日后修改（图 2-39）；另一种是保存成 JPEG 个格式，这种格式方便浏览（图 2-40）。可以在电脑保存的路径中找到这两个格式的快捷方式（图 2-41）。

（2）打开文件

双击文件的"快捷方式"即可打开图片进行浏览（图 2-42）。

图 2-39 PSD 格式

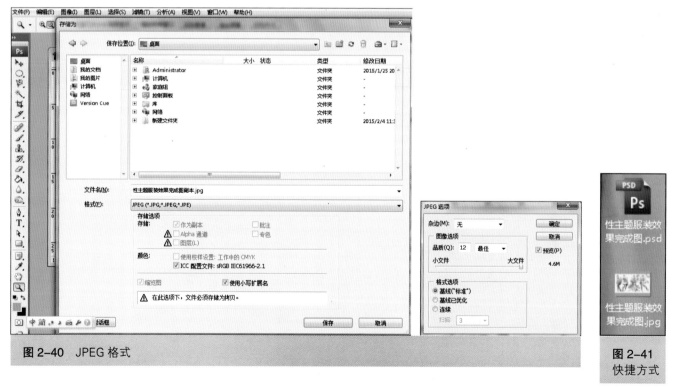

图 2-40 JPEG 格式

图 2-41
快捷方式

《凤求凰》

凤凰，是中华民族自古以来最著名的图腾之一，它性格高洁，非晨露不饮，非嫩竹不食，非千年梧桐不栖。凤凰是人们心目中的瑞鸟，天下太平的象征。凤凰被认为是百鸟中最尊贵者，为鸟中之王，有"百鸟朝凤"之说。凤凰，亦是传说中的不死鸟，凤凰死后，会周身燃起大火，然后从烈火中获得重生，并获得比之前更加强大的生命力。

这就像我们伟大的中华民族，在经历过重重磨难之后迅速发展壮大，成为强国之邦，富裕之邦，文明之邦。而我们中华上下五千年的历史积淀，博大精深的历史文化，更是在经过千锤百炼之后，变得更加香醇浓厚，充满着令人沉醉的韵味。而我们中华最具文明、最高贵的吉祥鸟——凤凰，也将与国际接轨，这个自古象征中国女性最高权力的象征将被重新定义，火中重生后，将以沉静知性的蓝色与优雅高洁的白色重新出现在我们眼前，将女性的高贵典雅体现得更完美。

图 2-42　尤丹丹 作品

第二节　复古主题时装画

一、复古主题的概念

《汉语大词典》中对"复古"的解释为：恢复旧的制度习俗等。通俗地说，复古就是将传统的或是弃用以久的东西再次带入当前，使其重新出现。

复古通常有两种方式：一种是完全严谨的遵循古训的重复，包括服装在内的古代物品的完全重复，可以归类为复制、复原或者仿造；另一种则是以特定时代的批判眼光来诠释过去。对于服装艺术作品，所谓的复古则需要更多地考虑到社会和时代的需要。一个成功的复古主题服装是需要有人群的使用才能成为时尚的。

二、服装艺术中的复古主题设计

复古主题和表现形式有其复杂性，就某一艺术风格的复古主题服装设计有：古典主义、浪漫主义、巴洛克艺术、罗可可艺术、新样式主义、迪考艺术、现实主义与超现实主义、波普与欧普艺术、极简主义、结构主义和解构主义等。现就选取服装历史上某一种具有代表性和典型性的复古主题，结合作品进行分析。

纪梵希（Givenchy）2014春夏流行发布中，服装上设计了许多褶皱，舞台中央以老式奔驰、宝马和捷豹的汽车布置成报废场景，这些都体现了设计师提西（Tisci）对于古典主义的喜爱，通过褶皱的改良设计，我们的视觉中心跟随着设计中心的不同而发生变化，着实给我们带来了一场视觉盛宴（图2-43）。

汤姆·布郎尼（Thom Browne）2014春夏女装发布会上，秀场模特们的爆炸头、惨白脸色和大红唇形成鲜明对比，穿着维多利亚时代的复古廓型套装，设计师汤姆·布郎尼（Thom Browne）形容她们是"伊丽莎白时代的疯狂小丑"。用填充物塞起来的蜂腰裙摆、高耸的扇贝领，装饰了裙撑的层叠大裙摆整体看上去夸张粗犷。蕾丝刺绣、立体拼缝以及镂空工艺让这场哥特式的复古主题更有看点（图2-44）。

图2-43　纪梵希
（Givenchy）2014春夏

杜嘉·班纳（Dolce&Gabbana）首次在时装界脱颖而出是在1985年米兰时装秀上展示的以他们的三种名称命名的新概念产品系列。杜嘉·班纳的服装一直都以天主教妇女身上的黑色作为最主要的用色，南欧宗教色彩也被表现在图案上。南意大利西西里岛的创作灵感，强调性感的曲线，像是内衣式的背心剪裁搭配西装，是杜嘉·班纳最典型的服装造型。2015春夏发布会仿佛把我们带进了17世纪巴洛克艺术时代（图2-45）。

图2-44　汤姆·布郎尼（Thom Browne）2014春夏

图2-45　杜嘉·班纳（Dolce&Gabbana）2015春夏

历经160多年的风雨沧桑，爱马仕（Hermes）家族经过几代人的共同努力使其品牌声名远扬。在20世纪来临之时，爱马仕就已成为法国式奢华消费品的典型代表。20世纪20年代，其品牌创立者蒂埃利·爱马仕之孙埃米尔（Emil）曾这样评价爱马仕品牌："皮革制品造就运动和优雅之极的传统。"在爱马仕S/S11时装发布会上，我们看到了佐罗时代复古主题的设计再现（图2-46）。

图2-46　夏马仕（Hermes）2011春夏

三、复古主题时装画实例

1.时装画轮廓设计

（1）扫描抠图

在A3或者A4绘图纸上绘制完设计线稿之后，可以根据绘图纸的大小来选择扫描仪，经过扫描得到线稿的电子版。此案例仍然使用第一节所介绍的方法进行抠图，得到清晰线稿（图2-47）。

（2）新建文件

新建名称为"复古主题时装效果图"的文件，设置宽度为"40厘米"，高度为"27厘米"，分辨率为"300像素／英寸"，颜色模式为"RGB"，背景内容为"白色"（图2-48）。

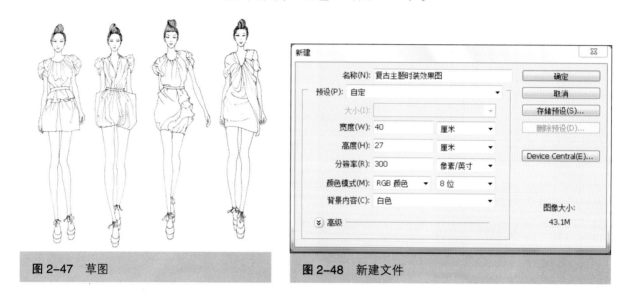

图2-47　草图

图2-48　新建文件

（3）打开文件

用【移动工具】　　将抠出的线稿分别拖动到"复古主题时装效果图"中去，得到清晰线稿（图2-49）。

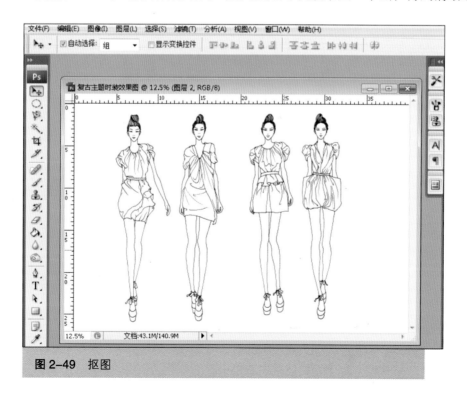

图2-49　抠图

2.时装画色彩设置

（1）平涂填充人体效果

皮肤我们可以用【减淡工具】
🔍和【加深工具】🔍做出一些明
暗立体效果。方法和手绘相同，比
如在下颚、手臂两侧、大腿两侧等
区域适当加深颜色，在鼻梁、手臂
中部、大腿中部等区域适当减淡提
亮（图2-50）。

图 2-50　绘制人体

（2）人体、五官与头发刻画

用【放大工具】🔍把头部放大，深入刻画五官、头发等细节（图2-51）。

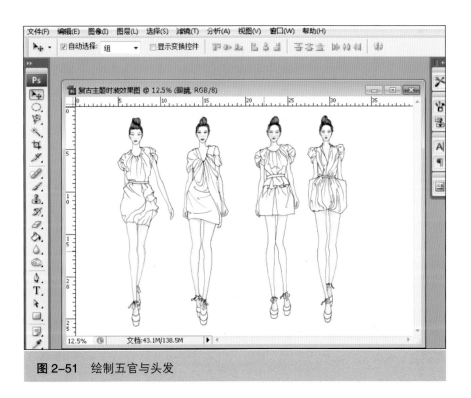

图 2-51　绘制五官与头发

（3）款式1　服装绘制效果

用【磁性套索工具】或者【魔棒工具】勾画出所需要填充的区域，然后用【油漆桶工具】配合【减淡工具】和【加深工具】绘制出款式1的服装效果图（图2-52）。

图 2-52　绘制款式 1

（4）款式2　服装绘制效果

用同样的方法绘制出款式2的服装效果图（图2-53）。

图 2-53　绘制款式 2

图 2-54 绘制款式 3

（5）款式 3　服装绘制效果

用同样的方法绘制出款式 3 的服装效果图（图 2-54）。

（6）款式 4　服装绘制效果

用前面同样方法绘制出款式 4 的服装效果图（图 2-55）。

图 2-55 绘制款式 4

（7）绘制配件效果

在所有的服装都绘制完成之后，可以绘制配件效果。首先，我们先绘制腰带的效果（图2-56），接下来再绘制鞋子的效果（图2-57）。

3. 时装画背景设置

此系列效果图是根据复古主题中的古典主义设计的，所以除了服装设计中出现的古典主义褶皱设计外，背景也是另一个表现主题设计的重要因素。

（1）打开文件

打开一张古典主义绘画作品，将其作为背景放在款式1～款式4所在图层的下方、背景层的上方（图2-58）。

（2）排版设计

将背景图片拖动到合适的位置，并将图层的不透明度调整为80%（图2-59）。

图 2-56　绘制腰带

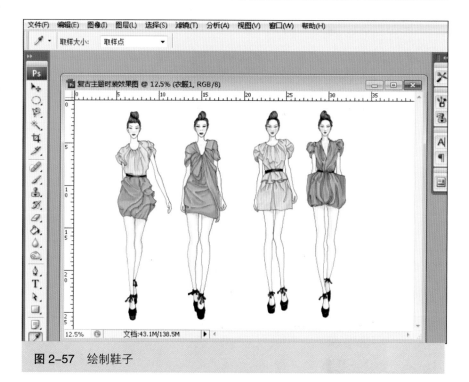

图 2-57　绘制鞋子

图 2-58　添加背景

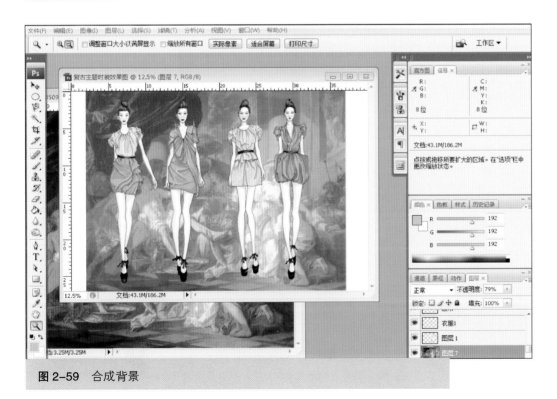

图 2-59　合成背景

图 2-60　PSD 格式

（3）保存文件

最后按"文件—存储"为"复古主题时装效果图"，分别保存两种格式：一种是 PSD 格式，这种格式可以保留原始图层，方便日后修改（图2-60）；另一种是 JPEG 格式，这种格式方便浏览（图 2-61）。在保存 JPEG 格式的时候会出现一个对话框，我们需要将品质调到"最佳"（图 2-62），即可在电脑保存的路径找到这两个格式的快捷方式（图 2-63）。

图 2-61　JPEG 格式

**图 2-63
快捷方式**

图 2-62　图像选项

（4）打开文件

双击文件的快捷方式即可打开图片进行浏览（图2-64）。

图2-64 黄诗娴 作品

第三节　民族主题时装画

一、民族主题的概念

由于历史原因形成的具有强烈地域风格的某一民族的传统服装称为民族服装，而具有强烈的民族特征的现代时装画创作则被称为民族主题时装画。例如，传统的波斯风格、土耳其风格、美国西部风格、俄罗斯风格、苏格兰风格、日本风格等典型的民族服装以及时装画都带有强烈的民族地域烙印。

二、服装艺术中的民族主题设计

民族主题中的日本风格，在20世纪70年代，来自日本的设计师群在巴黎的T台上崭露头角，引发了国际时尚界的日本风，日本风格的民族主题设计也常有所见。例如，2005年6月秋冬发布会上，让·保罗·戈尔捷（JEAN PAUL GAULTIER）用日式花鸟纹样装饰毛皮饰边的和服（KIMONO）式外套，配有红色流苏以及中式发髻的高级时装（图2-65）。

民族主题中的埃及风格，最经典的还要属2004年迪奥（DIOR）高级时装发布会上推出的风格神奇奢华的埃及系列。面料上采用亮面金银材质和闪光材料薄片、金属丝网和水晶镶嵌等。廓形上进行大胆的夸张设计，并用层叠交叉的设计手法，配合埃及法老的头饰和胡须，展现出埃及主题的设计风貌（图2-66）。

民族主题中的俄罗斯风格范畴比较宽泛，主要涵盖了俄罗斯及东欧的民族传统。例如，芭蕾舞裙、俄罗斯衬衫、巴布什卡头巾、立体花纹刺绣、东欧民俗图腾、安娜·卡列尼娜风格的黑色长外套等，都是表现该种主题的设计元素。2009年夏奈尔（Chanel）巴黎高级时装发布会中就把俄罗斯主题服装表现得淋漓尽致（图2-67）。

瑞克·欧文斯（Rick Owens）2011年在巴黎时装周秋冬女装发布会上，为我们展示了具有浓烈中东风情的设计作品。设计师与模特们把观众带到了中东的阿布扎比，让观众领略到异域服饰的着装风格（图2-68）。

图2-65　让·保罗·戈尔捷（JEAN PAUL GAULTIER）2005/06 秋冬

图2-66　迪奥（DIOR）2004

图 2-67 夏奈尔
（Chanel）2009

图 2-68 瑞克·欧文（Rick Owens）2011 年秋冬

三、民族主题时装画实例

1.时装画轮廓设计

首先，仍然是在确定主题的前提下创建线稿。此案例是以中国民族为主题进行设计的，线稿直接用钢笔绘制出来，然后在 Photo shop 里面上色、添加图案和背景。

（1）新建文件

打开 Photo shop 之后，点击"文件—新建"命令，跳出对话框，将名称设置为"款式 1"，宽度设置为"8 厘米"，高度为"27 厘米"，分辨率为"300 像素／英寸"，颜色模式为"RGB"，背景内容为"白色"（图 2-69）。

（2）绘制线稿

在新建文件上面用【钢笔工具】 配合【画笔工具】 绘制出第一个款式的线稿，方法是：先选择一个服装模特人体及头像，然后用【钢笔工具】

图 2-69 新建文件

为这个模特穿上衣服，在绘制衣服线条的时候用【钢笔工具】（图2-70），然后右键选择"描边路径"后跳出一个对话框，在下拉菜单中选择"画笔"，根据线条的粗细可以调节画笔的大小，笔触越大线条越粗，反之越细（图2-71）。经过【钢笔工具】与【画笔工具】的反复调节和修正，得到图2-72。

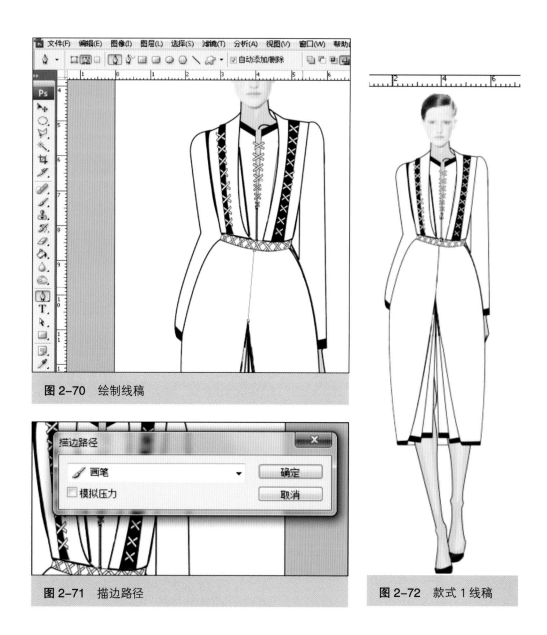

图2-70　绘制线稿

图2-71　描边路径

图2-72　款式1线稿

2.时装画色彩设置

（1）填充人体颜色

有了线稿之后，就是对服装人体进行色彩设置，头部可以直接将杂志中模特的头抠出来，再用【移动工具】[icon]移动到人体上去，而人体的颜色则可以用【磁性套索工具】[icon]或者【魔棒工具】[icon]选出需要填充的选区，然后用【油漆桶工具】[icon]填充所需要的颜色（图2-73）。

（2）填充服装颜色

用【魔棒工具】[icon]选出需要填充的选区，然后打开所需要的花卉图片（图2-74），用【魔棒工具】[icon]去除白色背景，并调节花卉颜色，用【移动工具】[icon]将图片拖动到衣服的选区中，按住【Ctrl+Shift+I】键反

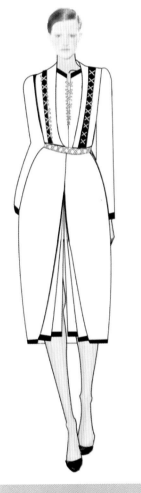

图2-73　绘制人体与五官

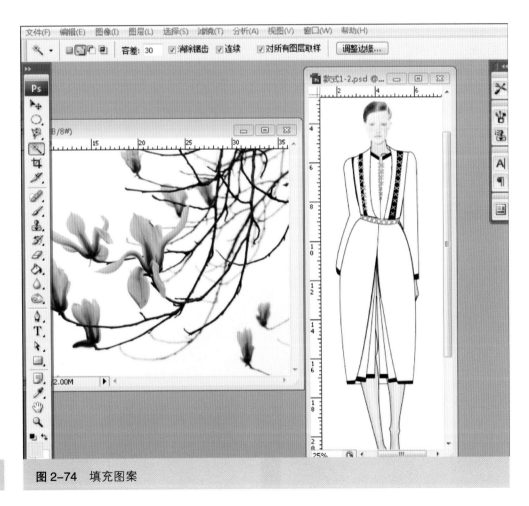

图2-74　填充图案

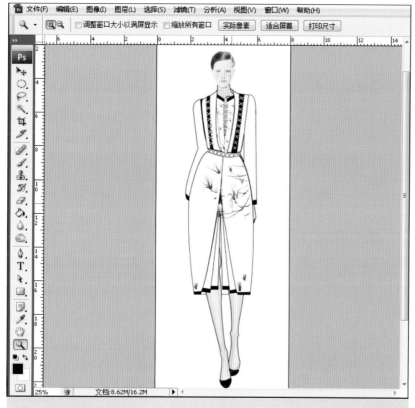

图2-75　款式1完成稿

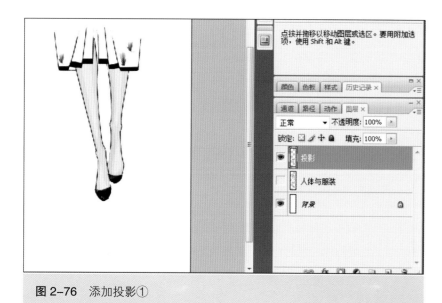

图2-76　添加投影①

选选区，再按【Delete】键删除不需要的图案部分，之后按住【Ctrl+D】键取消选区，即可得到带绘画图案的服装表现效果图（图2-75）。

（3）添加投影效果

在添加投影的时候，首先用【磁性套索工具】图将"人体与服装"图层中的小腿部分和裙子下摆抠出来，然后"复制"并"粘贴"到新建"投影"图层（图2-76），为了看清楚所抠出来的图层，可以先隐藏"人体与服装"图层，按住【Ctrl+T】键，将抠出来的投影倒转过来（图2-77），去掉花卉图案的装饰效果，最后将"投影"图层的不透明度调低至20%（图2-78），就得到了第一套服装的效果图（图2-79）。

（4）绘制第2套服装效果图

用同样的方法，来做第2套服装，得到第2套服装的效果图（图2-80）。

（5）绘制第3套服装效果图

用同样的方法，来做第3套服装，得到第3套服装的效果图（图2-81）。

（6）绘制第4套服装效果图

用同样的方法，来做第4套服装，得到第4套服装的效果图（图2-82）。

（7）绘制第5套服装效果图

用同样的方法，来做第5套服装，得到第5套服装的效果图（图2-83）。

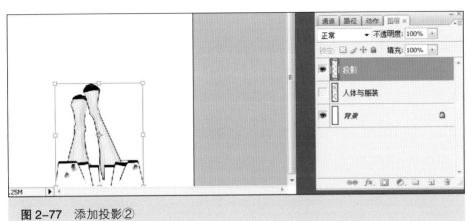

图 2-77 添加投影②

图 2-78 重命名"投影"

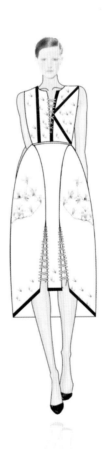

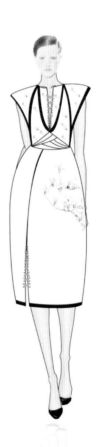

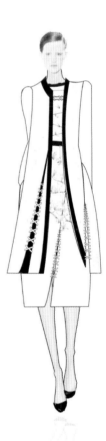

图 2-79 款式 1
完成稿

图 2-80 款式 2
完成稿

图 2-81 款式 3
完成稿

图 2-82 款式 4
完成稿

图 2-83 款式 5
完成稿

（8）合成效果图

打开"文件—新建"，新建一个宽度"40厘米"，高度"27厘米"的文件（图2-84），用【移动工具】 ![移动工具图标] 将款式1～款式5分别从左至右拖动到新建文件中，得到合成后的效果图（图2-85）。

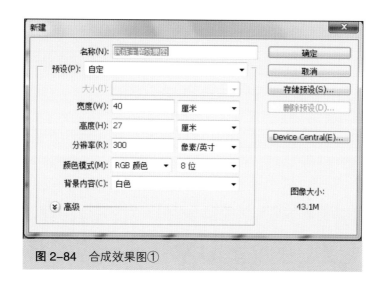

图2-84　合成效果图①

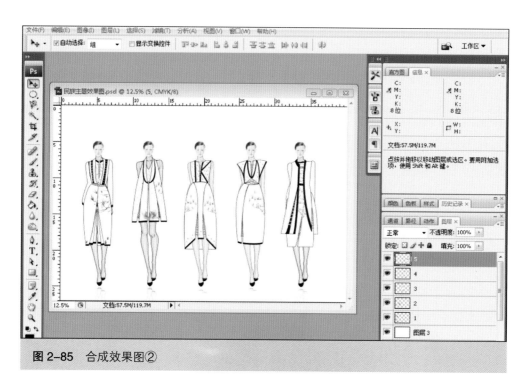

图2-85　合成效果图②

3. 时装画背景设置

（1）添加背景图层

先用【渐变工具】 ■ 做从前景色到背景色 自上而下的"线性渐变"， 此时可以先隐藏其他图 层（图 2-86），然后在 这个图层上面添加与主 题相呼应的花卉图案（图 2-87）。

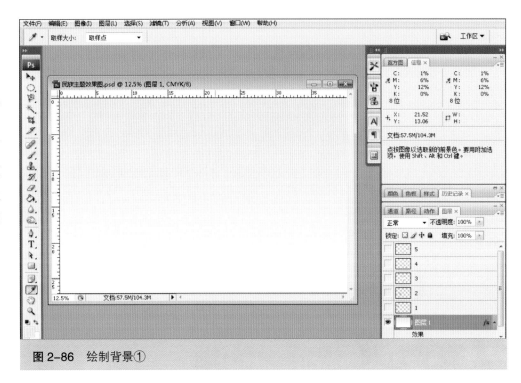

图 2-86　绘制背景①

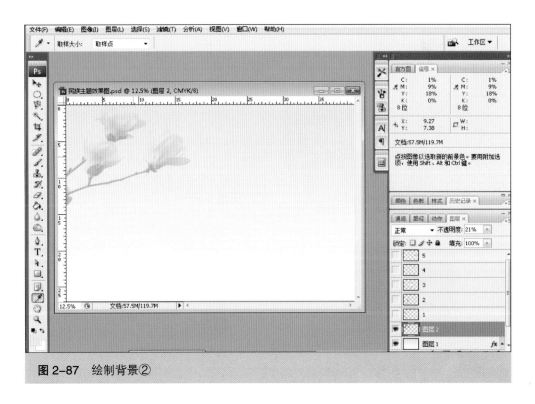

图 2-87　绘制背景②

（2）民族主题效果图完成

最后，单击隐藏的图层前面的小眼睛，显现出来5套服装的效果，就完成了民族主题效果图的绘制工作（图2-88），添加设计说明，以让其他工作人员了解设计师的设计想法（图2-89）。

图 2-88　合成背景

灵感来源：

玉兰花，中国著名的花木，北方早春重要的观花树木，
节短枝密，树枝小巧但花团锦簇，远观洁白无瑕，
妖娆万分，玉兰性喜光，较耐寒。

玉兰花代表着报恩，玉兰经常在一片绿意盎然中开出大轮的白色花朵，
随着那芳郁的香味令人感受到一股难以言语的气质，委实清新可人。
白玉兰先花后叶，花洁白，美丽且清香，早春花开时犹如雪涛云海，蔚为壮观。

这一系为春夏系列。衣服上图案取自于玉兰花生长的过程，若隐若现，
面料也取用较光滑的高级面料，细节部分是花蕊的钉珠，细腻且珍贵。
款式的简洁廓型和设计也是描绘了花的生长形态。

图 2-89　陈可琪　作品

第四节　嬉皮士主题时装画

一、嬉皮士主题的概念

"嬉皮士"们喜爱的衣服反映出他们对纯粹的、自然的面料的兴趣，对人工合成的面料的排斥。一般来说，嬉皮士女孩所追求的是古典式花边衬裙、纯丝衬衣、天鹅绒短裙和20世纪40年代流行的纯毛大衣。所有这些服装都代表着一去不复返的时代，在那个时代，手工价值还很受重视，通常都是由一个人从头到尾完成一件衣服……到了20世纪60年代后期，嬉皮士文化已经远远超过了它的前辈，嬉皮士们决心创造一个新型社会，因此他们在政治上很警醒，这个亚文化于是发展出了一个相当广大的半企业性质的联网，被人称为"反文化"。（选自《后现代主义与大众文化》）

"嬉皮士"是指第二次世界大战以后，随着资本主义制度种种缺陷的逐渐暴露所形成的对抗传统、反对越战的社会思潮，它反映了社会生活和艺术的各个方面，并出现了嬉皮士（HIPPY）这样的社会群体。

二、服装艺术中的嬉皮士主题设计

嬉皮士（HIPPY）是一个十分重视自我的团体。他们宣扬和平与仁爱，不要战争，保护环境。他们喜欢用花卉构成装饰和图案；偏爱手工制品，服装中常见扎染、蜡染和刺绣；喜欢长发，就是男人也不例外，尽管那样看上去有点脏，以至于有些媒体将他们贬斥为"卑鄙的乞讨者"。当时他们的着装深受"披头士"和"滚石（ROLLING STONE）"摇滚乐队的影响，历史上也有不少服装设计大师以这一主题设计作品。约翰·加里阿诺（JOHN GALLIANO）在2005年为迪奥高级时装做的设计，将民族装饰以及粗狂的牛仔相结合，不对称的剪裁体现出嬉皮士式崇尚自由的精神（图2-90）。

2008年秋冬古驰（GUCCI）大举嬉皮招牌，民族味十足的装饰特点同嬉皮风桀骜不驯的特有风格相匹配，大放异彩。既宫廷又民族感的短上衣配以过膝亮皮长流苏靴，一派率性的中世纪复古骑士造型（图2-91）。

中央圣马丁（Central Saint Martins）2011年秋冬时装秀，作为伦敦时装周

图2-90　约翰·加里阿诺
（JOHN GALLIANO）2015

图2-91　古驰（GUCCI）2008秋冬

的最后一场秀，21位设计师秀出了一个令人难忘的作品展。有新中世纪精神、新异教主义、新启蒙主义、新部落主义……挑选任何一个你所倡导的"主义"并且在前面添加一个"新"字。年轻人就该做年轻人最擅长的。下面则是通过拼布的方式完成的嬉皮主题的设计作品（图2-92）。

图2-92　中央圣马丁（Central Saint Martins）2011秋冬

三、嬉皮士主题时装画实例

1. 时装画轮廓设计

创建线稿的方法有很多种，这里仍然使用本章第二节所介绍的方法把草图（图2-93）抠出，得到清晰的线稿（图2-94）。

图2-93　草图

图 2-94 抠出草图

2. 时装画色彩设置

有了线稿之后，再用 Photo shop 来绘制服装的颜色，首先，要对设计师设计的服装进行上色，可以把整个系列按着面料进行上色，第一遍先上白色针织面料的颜色，然后是上蓝色牛仔面料的颜色，最后是上服饰配件的颜色。在这里使用的面料图案，是在扫描线稿的阶段将服装选用的面辅料同时扫描的，这样就可以经过更改面辅料所在图层的分辨率，直接将面辅料拖动到服装效果图局部选区，从而得到完整的效果图。

（1）第 1 套填充颜色

第 1 套服装先填充白色针织面料，如图 2-95 所示，再填充蓝色牛仔面料，如图 2-96 所示，最后填允所

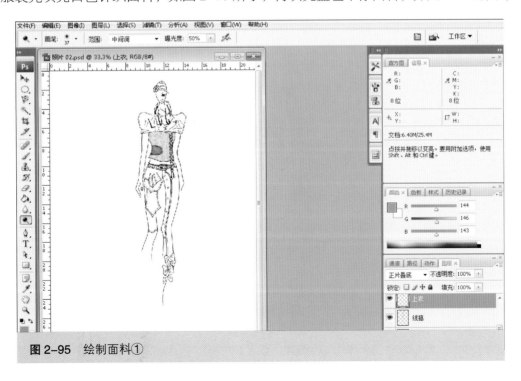

图 2-95 绘制面料①

图2-96　绘制面料②

有服饰配件的颜色。注意将线稿所在的图层放在背景层之上，并将图片格式更改为"正片叠底"（图2-97）。

（2）第2套填充颜色

第2套服装仍然先填充白色针织面料，如图2-98所示，再填充蓝色牛仔面料，如图2-99所示，最后填充所有服饰配件的颜色。注意将线稿所在的图层放在背景层之上，并将图片格式更改为"正片叠底"（图2-100）。

图2-97　款式1完成稿

图2-98　绘制面料①

图 2-99 绘制面料②

图 2-100 款式 2 完成稿

（3）第 3 套填充颜色

第 3 套服装仍然先填充白色针织面料，如图 2-101 所示，再填充蓝色牛仔面料，如图 2-102 所示，最后填充所有服饰配件的颜色。注意将线稿所在的图层放在背景层之上，并将图片格式更改为"正片叠底"（图 2-103）。

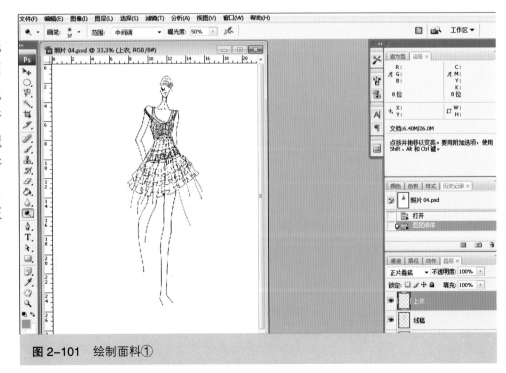

图 2-101 绘制面料①

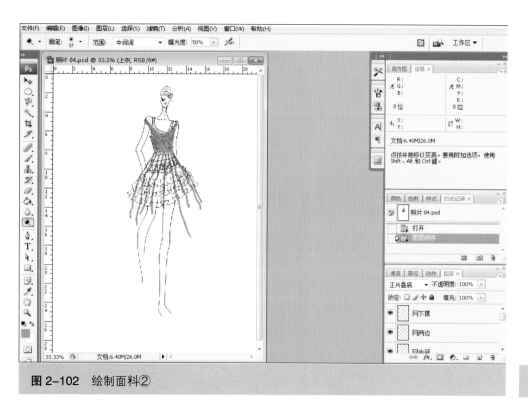

图 2-102　绘制面料②

图 2-103　款式 3 完成稿

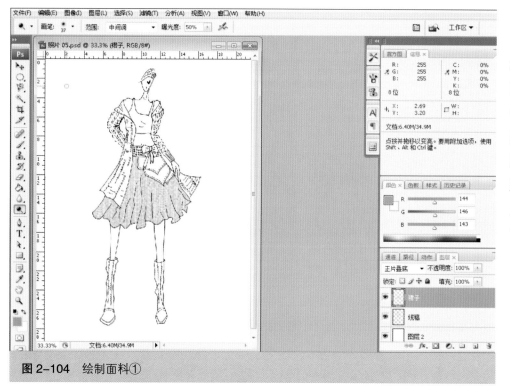

图 2-104　绘制面料①

（4）第 4 套填充颜色

第 4 套服装仍然先填充白色针织面料，如图 2-104 所示，再填充蓝色牛仔面料，如图 2-105 所示，最后填充所有服饰配件的颜色。注意将线稿所在的图层放在背景层之上，并将图片格式更改为"正片叠底"（图 2-106）。

图 2-105 绘制面料②

图 2-106 款式 4 完成稿

图 2-107 绘制面料①

（5）第 5 套填充颜色

第 5 套 服 装 仍 然 先填充白色针织面料，如图 2-107 所示，再填充蓝色牛仔面料，如图 2-108 所示，最后填充所有服饰配件的颜色。注意将线稿所在的图层放在背景层之上，并将图片格式更改为"正片叠底"（图 2-109）。

图 2-108　绘制面料②

图 2-109　款式 5 完成稿

3. 时装画背景设置

新建一个宽度为"27 厘米"，高度为"40 厘米"的新文件，把背景色设置为"白色"，然后选择一个带有风景速写的背景，调整透明度后作为此系列的背景图层，并将制作完成的 5 款服装设计拖进新建文件中，并按照主次顺序排列，可以并排排列，也可以前后交错排列，或者按照设计师喜欢的排版方式去排列，最后将款式图放到此文件的最下排（图 2-110）。

图 2-110　金玲　作品

第五节　朋克主题时装画

一、朋克主题的概念

迪克·赫布迪齐（Dick Hebdige）在《次文化生活方式的意义》中写道："鸡冠头、皮夹克、马丁鞋"是对抗的标志，也是从主流社会中自我流放的标志。也就是说，挂戴着这些标志的未必是"真朋克"，但没有这些标志，所谓"朋克"就什么都没有了。

"朋克之母"的维维恩·韦斯特伍特（VIVIENNE WESTWOOD）的作品中充满了对于这种主题的诠释。

二、服装艺术中的朋克主题设计

20 位毕业于中央圣马丁艺术与设计学院（Central Saint Martins College of Are&Design）时装硕士课程的设计师，在 2012 秋冬时装秀上提交了她们的毕业作品，看到这些学生的朋克主题的毕业设计作品，让观众欣喜若狂，将 20 世纪 70 年代的朋克风格用结构和解构的设计手法表现出来，大气而不失装饰，统一而不失变化，特别是肩部铆钉的设计更是让作品与众不同（图 2-111）。

设计师多娜泰拉·范思哲（Donatella Versace）用整个范思哲（Versace）2012 秋冬女装系列，向自己的哥哥詹尼·范思哲（Gianni Versace）在 1997 年发布的运用大量哥特暗黑元素的高级定制系列致敬（2012 年也恰好是詹

图 2-111　中央圣马丁（Central Saint Martins）2012 秋冬

尼·范思哲遇刺身亡 15 周年），镶嵌黑色铆钉，如中世纪盔甲般的紧身皮裙，大量的十字架图案，成为范思哲女郎本季新的"战袍"（图 2-112）。

机车夹克、铆钉元素、摇滚的叛逆女孩是艾迪·斯理曼（Hedi Slimane）心中的女神。圣·洛朗（Saint Laurent）2014 春夏的设计中能找到 YSL 老先生在 1966 年创作的吸烟装的影子，帅气十足（图 2-113）。

图 2-112　范思哲（Versace）2012 秋冬

图 2-113　圣·洛朗（Saint Laurent）2014 春夏

图 2-114　新建文件

三、朋克主题时装画实例

1. 时装画轮廓设计

（1）新建文件

打开 Photo shop 之后，点击"文件—新建"命令，跳出对话框，将名称设置为"朋克主题服装系列效果图"，宽度设置为"40 厘米"，高度设置为"27 厘米"，分辨率为"300 像素 / 英寸"，颜色模式为"RGB"，背景内容为"白色"（图 2-114）。

（2）创建线稿

创建线稿的方法有很多种，这里仍然使用第一节所介绍的方法把草图抠出，得到清晰的线稿（图 2-115）。

2. 时装画色彩设置

有了线稿之后，再用 Photo shop 来绘制服装的颜色。首先对人体上色，然后是对服装上色，最后对配件上色。

图 2-115 线稿

（1）人体上色

首先对所有模特人体部分上色，上色的方法是用【套索工具】或者【魔棒工具】建立选区，然后填充肉色，再用【减淡工具】和【加深工具】做出三维立体效果（图 2-116）。

图 2-116 绘制人体

（2）五官上色

接下来用【钢笔工具】🖋️配合【画笔工具】🖌️对模特五官上色（图2-117）。

图2-117 绘制五官

（3）头饰上色

根据设计主题给绘制的头饰上色（图2-118）。

图2-118 绘制头饰

（4）上衣上色

根据设计主题给所有服装上色，注意先表现大面积的颜色，再在服装上面添加铆钉等效果（图2-119）。

图2-119　绘制面料①

（5）裤子上色

用以上同样的方法给裤子上色（图2-120）。

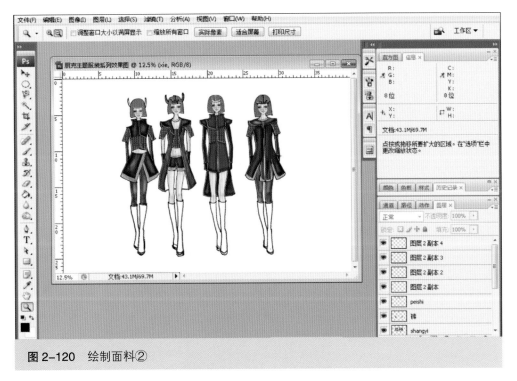

图2-120　绘制面料②

（6）鞋子上色

用以上同样的方法给鞋子上色（图2-121）。

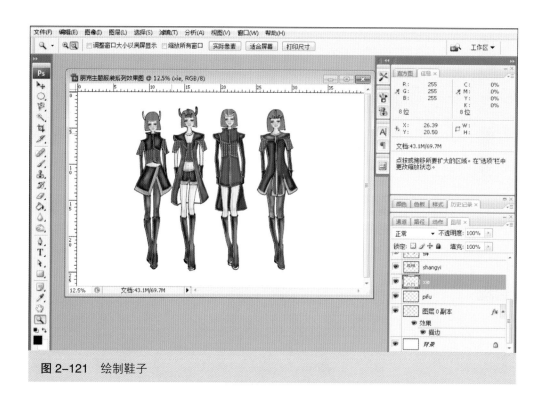

图2-121　绘制鞋子

3.时装画背景设置

（1）排版设计

插入与主题相符合的背景图片（图2-122），将这个图层放置在背景层之上，其他图层之下（图2-123），并将该图层的不透明度调至"43%"（图2-124）。

（2）得到最终效果图

从设计草图到抠出线稿，再到人体与服装上色，最后到添加背景，最终得到完成图（图2-125）。

图2-122　添加背景

图 2-123　合成背景

图 2-124　图层

图 2-125　刘健媚、陈艳仪　作品

（3）保存文件

最后按"文件—存储"为"朋克主题服装效果完成图"，分别保存为两种格式：一种是 PSD 格式，这种格式可以保留原始图层，方便日后修改；另一种是 JPEG 格式，这种格式方便浏览。保存后可在电脑保存的路径找到这两种格式的快捷方式。

第六节 雅皮士主题时装画

一、雅皮士主题的概念

"雅皮士（YUPPIE）"是典型的美国说法，走红于 20 世纪 80 年代的北美。中国也有人将其翻译为"优皮士"。雅皮士仅仅是上班族精英中的一部分，但是他们也往往是上班族中比较注重和突出衣着风格的群体，并成为中产阶级中服饰时尚的样板之一。

他们受过较好的教育，有着较优越的社会背景、较高的社会地位、稳定的职业和丰厚的薪水。他们不一定很年轻，但是热切追求生活享受和奢华物品，也是时尚的中坚群体。他们不但追逐时髦，有时候还把生活、品位、消费等因素拆散后再自己合并搭配，拼造出一种个性化的新特征。他们置个人成功为生活首位而无太大的社会责任感，纵欲和消费是他们业余生活的主要话题。他们认真工作、认真玩乐，注重生活品位，努力打扮自己，也努力锻炼身材。

如 IT 界、传媒界和咨询界人士等，甚至还包括部分学术界、文艺界、设计界和体育界人士，他们的生活主张已经不像传统的雅皮士风格那么刻板和概念化，对生活讲究内在品位、追求完美细节，有时会从历史中找到经典元素，或者在生活中寻求很多乐趣，但是更加强调一些"好玩"的感受。

二、服装艺术中的雅皮士主题设计

朗雯（Lavin）S/S 高级时装发布会中，优美的女衫裤套装和女西装，不会墨守陈规地出现。设计师阿尔伯·艾尔巴茨（Alber Elbaz）参考了品牌以往的经典设计，以此庆祝该品牌125年的历史。他从古老的印花图案中汲取灵感，还借鉴了一些经典元素皮革，更吻合新雅皮士对于此种风格主题的喜爱（图 2-126）。

格子是圣·洛朗（Saint Laurent）永远的主色调。圣·洛朗对格纹的钟爱体现在她追求舒适、讲究质感的设计理念上。圣·洛朗2014春夏流行发布从经典西装到设计的大胆尝试，都可以看出她

图 2-126 朗雯（Lavin）S/S

强烈的格子倾向。格纹融合了她对于快节奏大都市生活的理解和感悟，也与她要创造出既朴实无华又高贵优雅的世界性时装的初衷相吻合（图2-127）。

本季卡尔文·克莱恩（Calvin Klein）S/S11 在颜色上做到了纯粹。经典西装外套，光滑而简洁的轮廓线条，没有任何装饰，设计师弗朗西斯科（Francisco）将建筑设计的极简主义发挥到了极致（图2-128）。

图 2-127 圣·洛朗（Saint Laurent）2014 春夏

图 2-128 卡尔文·克莱恩（Calvin Klein）2011 春夏

三、雅皮士主题时装画实例

1. 时装画人体设计

（1）新建文件

新建文件，名称为"款式1"，宽度为"15厘米"，高度为"27厘米"，分辨率为"300像素/英寸"，颜色模式为"RGB"，背景内容为"白色"（图2-129）。

（2）绘制人体

对于初学者来说，可以先用【移动工具】拉出标尺辅助线（图2-130），再从素材中找到合适的人体模型（图2-131），也可以用【钢笔工具】绘制人体，用【油漆桶工具】填充黑色，再用【减淡工具】和【加深工具】做出人体三维立体效果。

图 2-129 新建文件

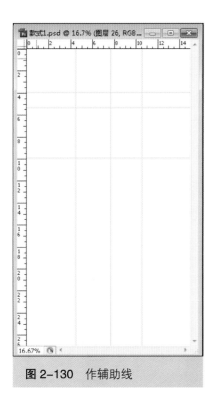

图 2-130　作辅助线

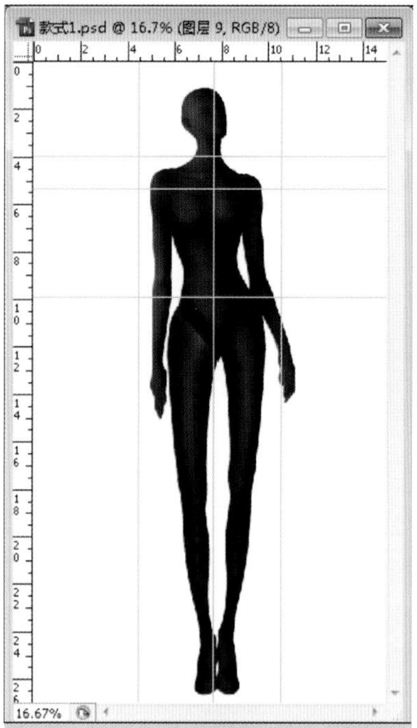

图 2-131　绘制人体

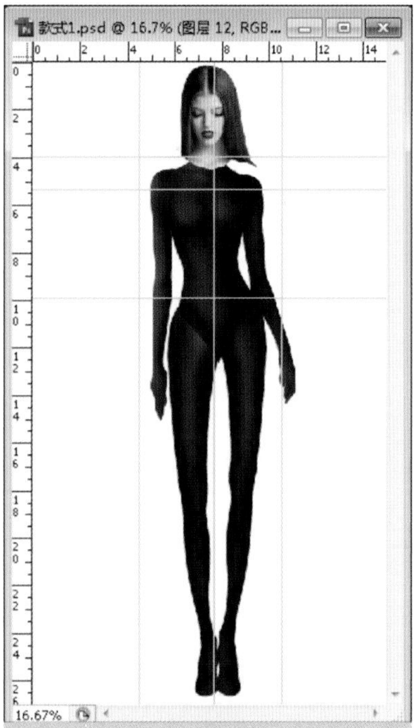

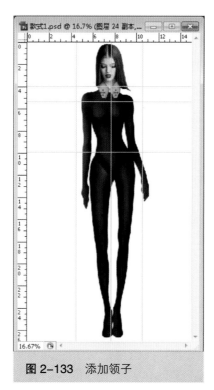

图 2-132　添加头部

图 2-133　添加领子

由于本案例后期衣着设计的款式会完全遮盖人体的上肢部分，所以，在这里可以不用绘制得那么细致。

2.时装画色彩设置

（1）添加头部结构

由于画面需要，素材中的人体不能满足设计师对模特头部表现的需要，所以又从杂志上抠取了一个模特头部造型，放置在该人体上（图 2-132）。

（2）添加领子造型

用【钢笔工具】勾勒出领子的造型，再用【油漆桶工具】填充绿色，最后用【钢笔工具】设计领子上的黑色菱形图案（图 2-133）。

（3）添加上衣造型

用【钢笔工具】大胆勾勒出里面上衣的造型，并填充黑色，添加杂色后得到图示的效果（图2-134）。

（4）添加裙子造型

用【钢笔工具】做好裙子的外轮廓和内部线条后，再配合【填充工具】和【渐变工具】做出裙子的肌理效果（图2-135）。

（5）添加外套造型

用【钢笔工具】创建外套的外轮廓后，填充白色（图2-136）。

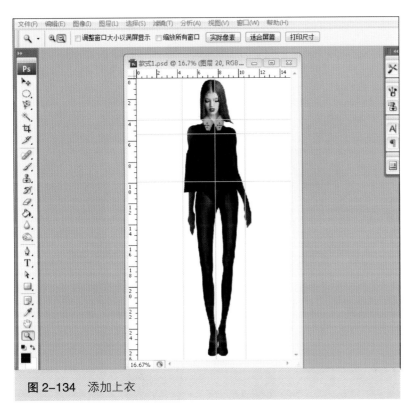

图2-134　添加上衣

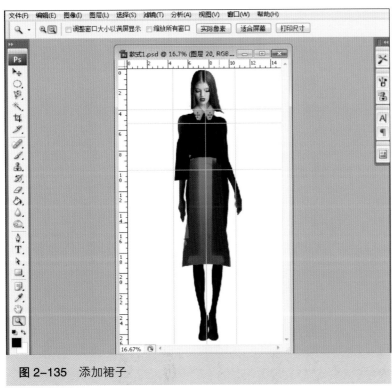

图2-135　添加裙子

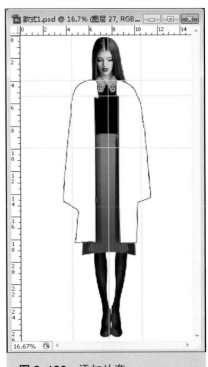

图2-136　添加外套

59

（6）添加外套投影

按住【Ctrl】键，并点击外套所在图层的"图层缩览图"，提取外套所在选区，并将描边效果改为白色后绘制外套的投影效果（图2-137）。

（7）添加外套袖口造型

用【钢笔工具】直接绘制出袖口的造型，并填充为黑色。此处可以先绘制出左边的袖口造型，再"复制—粘贴—水平翻转"得到右边的袖口造型（图2-138）。

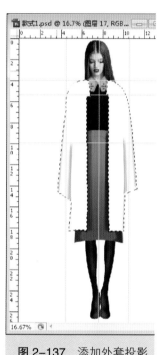

图2-137 添加外套投影

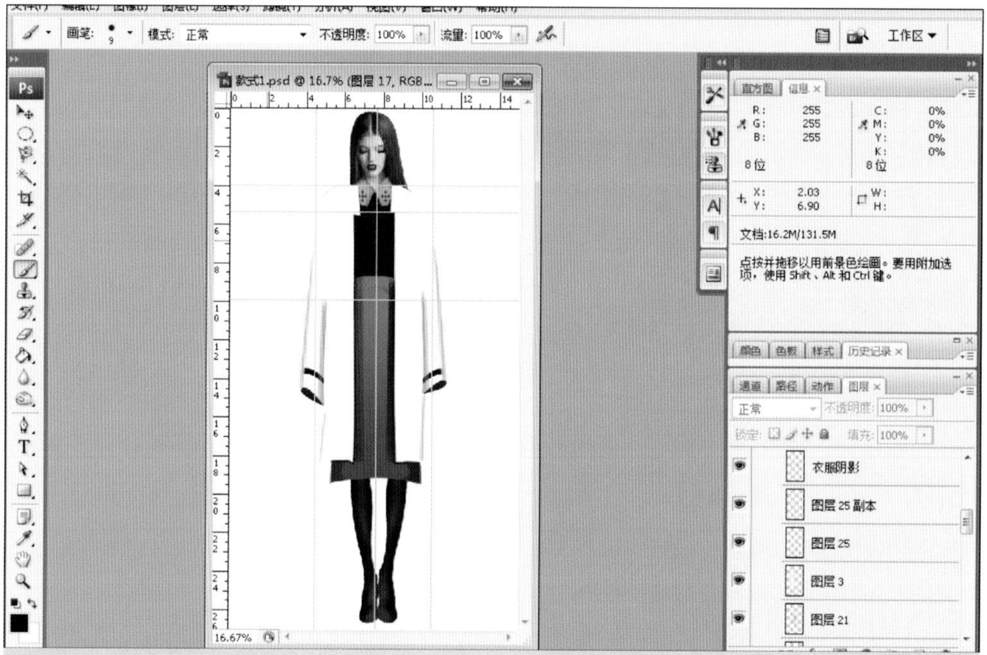

图2-138 添加袖口造型

（8）添加外套图案

将图案素材打开，抠出所需要的头部图案后，用【移动工具】拖动到所需要的位置（图2-139）。

（9）添加鞋子造型

在素材中找到合适的鞋子图片，直接把它用【移动工具】拖动到合适的位置（图2-140）。

（10）保存文件

按"文件—存储"为"款式1服装效果完成图"，分别保存为两种格式：一种是PSD格式，这种格式可以保留原始图层，方便日后修改；另一种是JPEG格式，这种格式方便浏览（图2-141）。

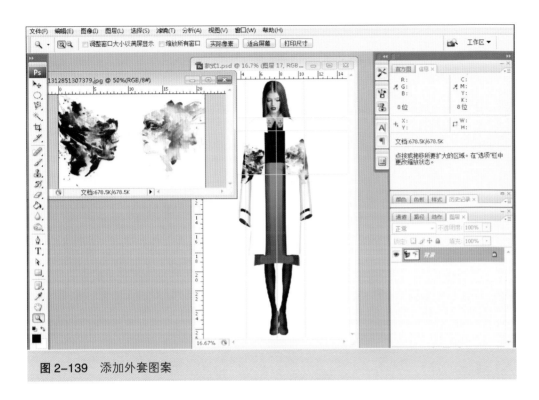

图 2-139　添加外套图案

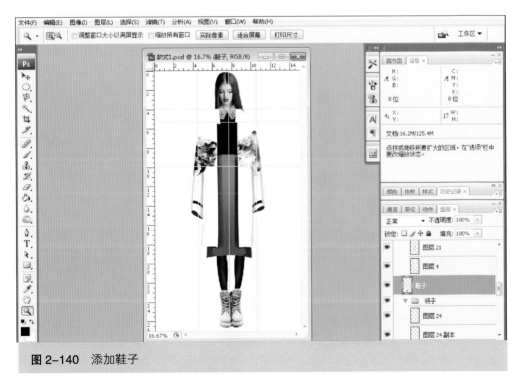

图 2-140　添加鞋子

图 2-141　款式 1 完成稿

61

（11）款式2最终效果

用以上同样方法绘制款式2（图2-142）。

（12）款式3最终效果

用以上同样方法绘制款式3（图2-143）。

（13）款式4最终效果

用以上同样方法绘制款式4（图2-144）。

（14）款式5最终效果

用以上同样方法绘制款式5（图2-145）。

（15）款式6最终效果

用以上同样方法绘制款式6（图2-146）。

（16）款式7最终效果

用以上同样方法绘制款式7（图2-147）。

图2-142 款式2完成稿

图2-143 款式3完成稿

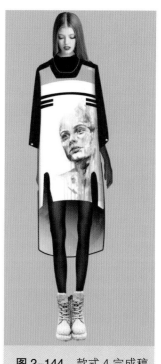

图2-144 款式4完成稿

图2-145 款式5完成稿

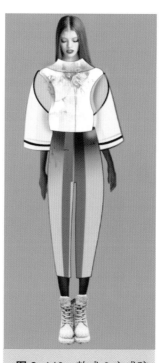

图2-146 款式6完成稿

图2-147 款式7完成稿

（17）款式8最终效果

用以上同样方法绘制款式8（图2-148）。

3.服装画背景设置

（1）合并图层

新建文件，名称为"雅皮士主题服装效果完成图"，宽度为"40厘米"，高度为"27厘米"，分辨率为"300像素/英寸"，颜色模式为"RGB"，背景内容为"白色"（图2-149）。

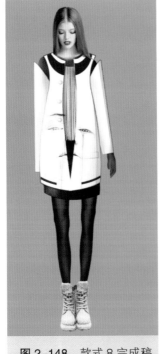

图2-148　款式8完成稿

图2-149　新建文件

（2）填充灰色到背景层（图2-150）

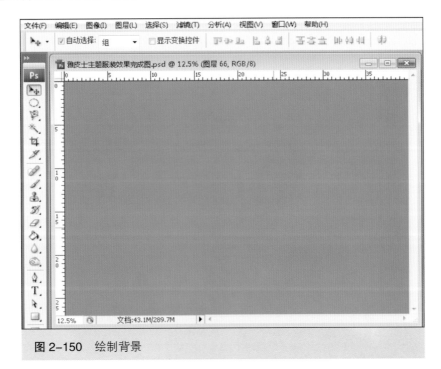

图2-150　绘制背景

（3）排版系列效果图

拖入款式 1 ~ 8 到合适的位置，其中款式 1 的图层混合模式为"正片叠底"，其他图层混合模式为"正常"（图 2-151）。

（4）系列效果图版面设计

适当加入一些粗细不同的直线作为画面装饰（图 2-152）。

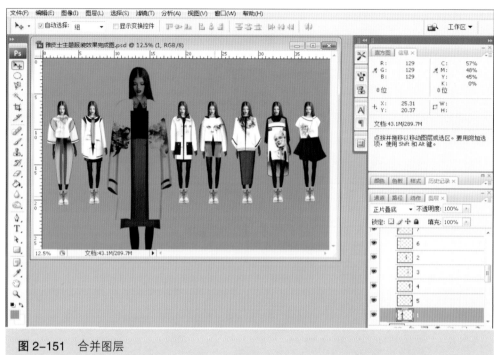

图 2-151　合并图层

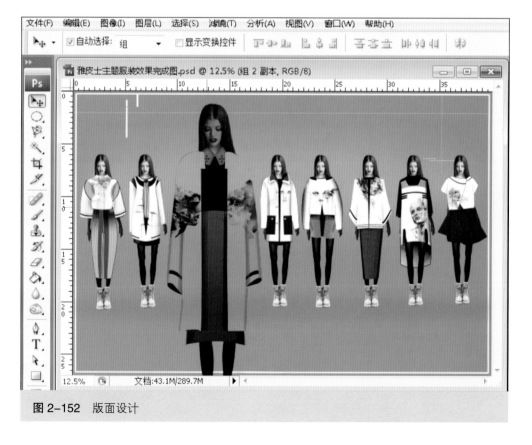

图 2-152　版面设计

（5）系列效果图完成

用第三节民族主题所介绍的方法可以为款式 2 ~ 8 添加投影效果，增强效果图的视觉效果（图 2-153）。

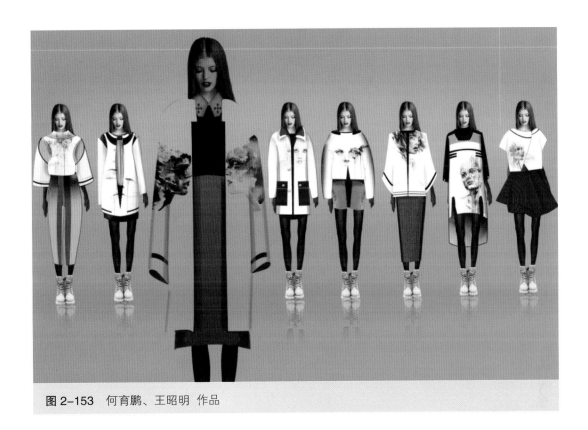

图 2-153　何育鹏、王昭明　作品

（6）保存文件

最后按"文件—存储"为"雅皮士主题服装效果完成图"，分别保存为两种格式：一种是 PSD 格式，这种格式可以保留原始图层，方便日后修改；另一种是 JPEG 格式，这种格式方便浏览。保存后可在电脑保存的路径找到这两个格式的快捷方式。

第七节　未来主题时装画

一、未来主题的概念

　　"未来主题"是指设计师在一定的社会文化和科学技术背景下，应用造型、色彩和面料图案等手段体现出的设计师与社会民众对于未来的认识、想象和向往。

　　新材料成为未来主题服装设计的常用素材，各种新的面料或者非传统服装材料以不同设计手段被应用于服装中，并成为未来主题设计的一种格式。发光材料、透明材料、人造皮革、涂层织物等常用于未来主题设计，并影响到其他类型的服装设计。

二、服装艺术中的未来主题设计

　　夏奈尔（Chanel）2012 秋冬高级成衣发布中，一场沿途闪烁着宝石光芒的"地心游记"，有棱有角、立体感极强的宝石晶体幻化成大衣肩部线条凌厉的立体感剪裁，以及多彩几何形镜面拼贴图案，构成了一组未来主题的时尚盛宴（图 2-154）。

　　2012 春夏帕高（Paco Rabanne）秀场，由英国超模卓丹·邓（Jourdan Dunn）开场，这个难忘的开场 Look 奠定了"锁甲战袍女神"的基调。曼尼什·阿若拉（Manish Arora）将本季主题设定为"光"（Femme Lumiere）：一袭袭锁甲一般的"战袍"闪烁着霓虹般的金属光泽，没有冷感只有酷感，带来"Super Lady"力量女神般的强大感觉。与此同时，设计师用纤腰、阔臀以及犀利的耸肩线条，打造出夸张的沙漏身形，勾勒出如希腊雕塑般完美的 S 形曲线。为了充分满足今天都市大女人们"时尚"与"舒适"并重的需求，曼尼什·阿若拉更在材料上下足工夫，让 40 多年前沉重的"塑料圆片裙"变得轻盈、贴身、

图 2-154　夏奈尔（Chanel）2012 秋冬

舒适（图2-155）。

范思哲（Versace）2012秋冬女装秀后半程登场的礼服，多娜泰拉·范思哲（Donatella Versace）用上了细金属条连缀成的网格与闪闪发光的Rhodoid材质，仿佛是60年代服装大师帕高·拉巴纳（Paco Rabanne）创制的"塑料圆片裙"（Rhodoid Dress）。锁甲衣在范思哲（Versace）2012秋冬女装秀场上重现，强烈的未来主义风格与紧身盔甲般的古典轮廓形成冲撞对比，留下了经典科幻电影中"机器人女战士"般的印象（图2-156）。

图2-155 夏帕高（Paco Rabanne）2012春夏

图2-156 范思哲（Versace）2012秋冬

三、未来主题时装画实例

1.时装画人体设计

（1）新建一个文件

新建文件，名称为"款式1"，宽度为"15厘米"，高度为"27厘米"，分辨率为"300像素/英寸"，颜色模式为"RGB"，背景内容为"白色"（图2-157）。

（2）绘制人体与线稿

绘制适合未来主题的人体模特，可以用【钢笔工具】绘制人体，用【油漆桶工具】填充银灰色，再用【减淡工具】和【加深工具】做出人体三维立体效果，再在人体上面用【钢笔工具】绘制出未来主题时装的路径，再用【画笔工具】描边

图2-157 新建文件

（图 2-158）。

2.时装画色彩设置

（1）添加头部结构

绘制里面的白色衣服，在绘制的时候，先用【磁性套索工具】或者【魔棒工具】建立衣服的选区，然后用【油漆桶工具】填充灰色，最后配合【减淡工具】和【加深工具】绘制出衣服的色调（图 2-159）。

（2）添加服装拼接效果

先用【磁性套索工具】或者【魔棒工具】建立腰部两块衣服的选区，然后用【油漆桶工具】填充灰色，最后配合【减淡工具】和【加深工具】绘制出衣服的色调（图 2-160）。

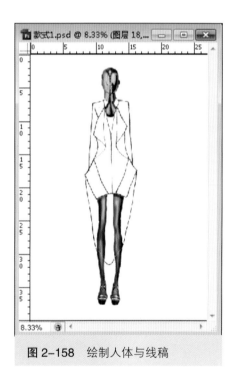

图 2-158　绘制人体与线稿

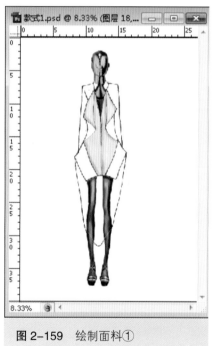

图 2-159　绘制面料①

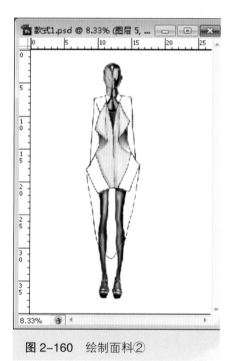

图 2-160　绘制面料②

（3）添加外套色彩

先用【磁性套索工具】或者【魔棒工具】建立外套的选区，然后将科幻面料直接拖动到新建选区（图 2-161）。

（4）加深外套下摆

先用【磁性套索工具】或者【魔棒工具】建立外套下摆的选区，然后将外套下摆填充为灰色（图2-162），从而区分出面料与里料（图 2-163）。

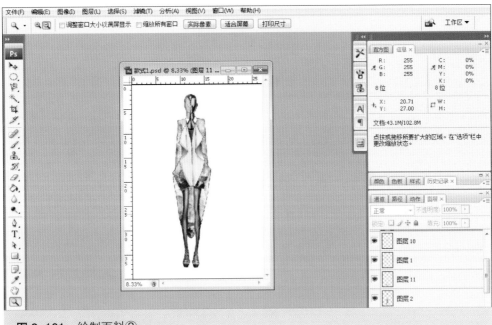

图2-161　绘制面料③

图2-162　设置前景色

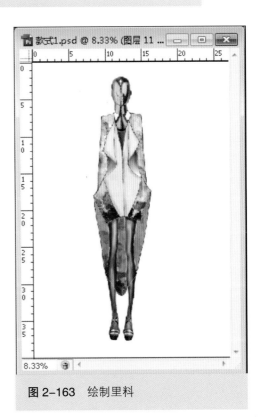

图2-163　绘制里料

（5）保存文件

按"文件—存储"为"款式1"，分别保存两种格式：一种是 PSD 格式，这种格式可以保留原始图层，方便日后修改；另一种是 JPEG 格式，这种格式方便浏览（图 2-164）。

（6）款式 2 最终效果

用以上同样方法绘制款式 2（图 2-165）。

（7）款式 3 最终效果

用以上同样方法绘制款式 3（图 2-166）。

（8）款式 4 最终效果

用以上同样方法绘制款式 4（图 2-167）。

3. 时装画背景设置

（1）合并图层

新建文件，名称为"未来主题服装效果完成图"，宽度为"40 厘米"，高度为"27 厘米"分辨率为"300 像素 / 英寸"，颜色模式为"RGB"，背景内容为"白色"（图 2-168）。

（2）填充灰色到背景层（图 2-169）

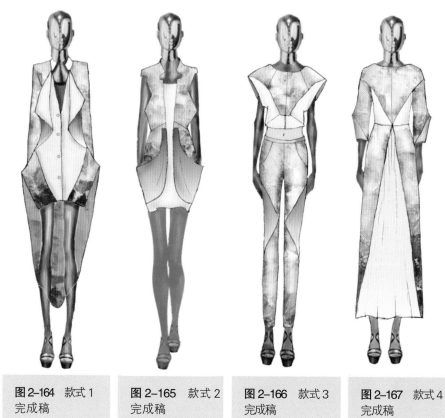

图 2-164　款式 1 完成稿

图 2-165　款式 2 完成稿

图 2-166　款式 3 完成稿

图 2-167　款式 4 完成稿

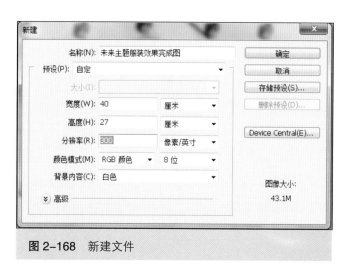

图 2-168　新建文件

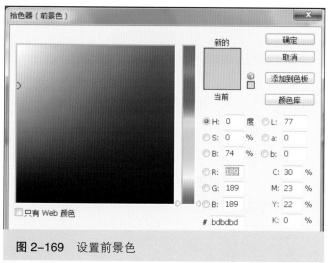

图 2-169　设置前景色

（3）排版系列效果图

拖入款式 1 ~ 4 到合适的位置，图层混合模式为"正常"（图 2-170）。

（4）系列效果图版面设计

适当加入一些与主题相符合的未来外星人生活的场景图片，如图 2-171 所示，将其拖动到合适的位置（图 2-172）。

图 2-170　混合模式

图 2-171　添加背景①

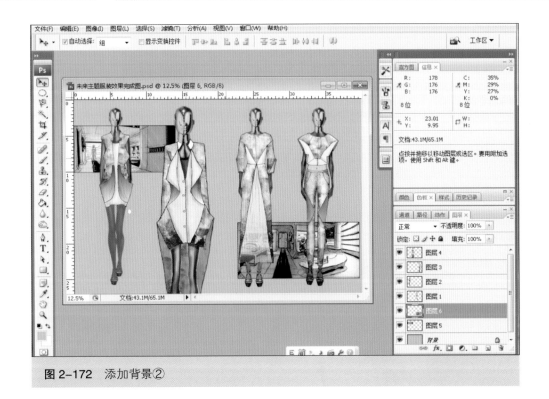

图 2-172　添加背景②

（5）制作背景图层

按住【ALT】键，分别复制并拖动图，得到图 2-173。

（6）合并图层

选中图所在的图层，然后右键"合并图层"，并调低图层的不透明度为"26%"（图 2-174）。

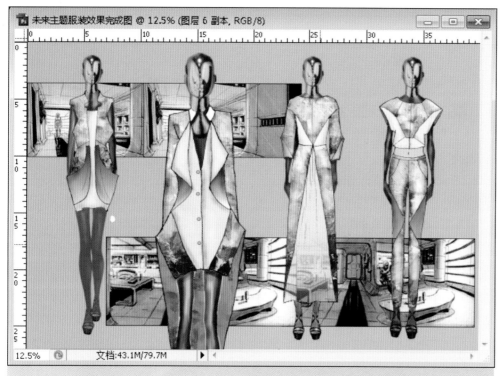

图 2-173　复制图层

图 2-174　合并图层

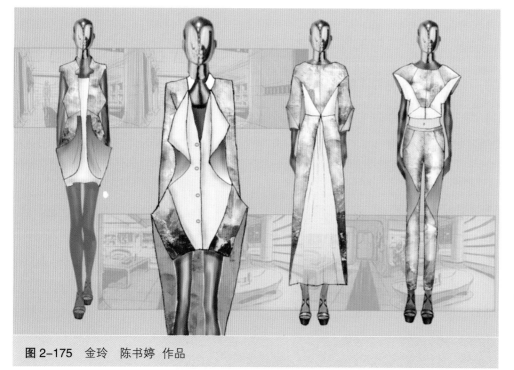

图 2-175　金玲　陈书婷　作品

（7）系列效果图完成（图 2-175）

（8）保存文件

最后按"文件—存储"保存"未来主题服装效果完成图"，分别保存为两种格式：一种是 PSD 格式，这种格式可以保留原始图层，方便日后修改；另一种是 JPEG 格式，这种格式方便浏览。即可在电脑保存的路径找到这两个格式的快捷方式。

第八节　中国主题时装画

一、中国主题的概念

中国主题的服装设计不能等同于对古代中国的服装和着装形式的复原，中国主题时装表现是服装的面料、色彩、图案、工艺和造型五个方面的主题提炼。

采用中国特色的纺织品、中国风格的印花绸和提花织物是中国主题时装画的重要表现手段之一；运用具备中国特征的颜色，如中国红、黄色和贵族紫都是中国主题时装画表现的主要选择颜色，同时挖掘历史颜色也是现代设计师常用的表现手法，如唐代的重彩、宋代的淡雅、元代的奢华、明代的俗艳、清代的繁杂、20世纪的平素，每个时期均有明显的特色；另外，除纹样图案和传统工艺，如蜡染、扎染等形成的特殊装饰效果外，镶边、嵌条、滚边、挖花、刺绣、钉珠等中国传统装饰手法，结合图案、材料，是中国元素的装饰表达的有力手法之一；同时具有中国传统服装特质的局部造型手段，也是表达中国主题的利器，典型如立领、斜襟、布钮等，瓜皮帽、绣花鞋以及传统发型等也常有借用。

二、服装艺术中的中国主题设计

青花瓷是中国古代精美的瓷器之一（图2-176），现代有很多中西方设计师运用青花瓷这一灵感来源创造了很多优秀的服装设计作品以及主题时装画，例如，约翰·加利亚诺（John Galliano）采用刺绣、印花的方式，将青花瓷的图案运用在欧式礼服的胸部、裙摆等处，塑造出18世纪以瓷器为珍品的欧洲贵族形象。整场秀都充斥着东方色彩，青花瓷裙摆从内到外的青花痕迹，对中国主题设计表现的内敛含蓄（图2-177）。

除了西方设计界的大师运用青花瓷这一元素把中国主题表现得淋漓尽致，中国设计大师郭培的作品同

① ②

图2-176　青花瓷

图2-177　约翰·加利亚诺（John Galliao）

样也运用这一主题表现了清秀高雅的风格，配上中国古典扇形的镂空头饰以及硕大流苏装饰，尽显中国女性的古典与高贵（图2-178）。

2008年在北京举办奥运会期间，"颁奖元素"体现中国特色，"青花瓷"设计灵感取自中国青花瓷器，使用在国家游泳中心"水立方"、顺义水上公园和青岛等所有水上项目的颁奖仪式中（图2-179）。

除了青花瓷这一设计元素外，还有祥云、中国印、年画、蓝印花布、剪纸、中国绘画和书法等，设计工艺有刺绣、水墨、印染、雕刻等。21世纪，中国主题的创作作品如雨后春笋，时尚的舞台上出现了张肇达、计文波、唐婕、许茗、楚艳、杰斯·舞（Jason Wu）、东北虎（NE·TIGER）、张京京等著名本土设计师和品牌。

路易·威登（Louis Vuitton）2011年春夏巴黎时装发布会上展示了对中国主题旗袍的改良设计，由此揭开一场奢华典雅的东方风潮，开场模特的黑色盘扣旗袍预示着本场大秀将重演法国在20世纪70年代的东方风潮，高高的开衩与模特挑染的发色呼应着复古之外的奔放不羁，动物图纹、立领折扇、艳丽明亮的色彩组合悉数登场（图2-180）。

The Blonds 2011年秋冬高级成衣时装发布会上，设计师将中国的舞狮、龙、八卦等传统文化转化为服饰图案、头饰等设计元素，把中国主题设计表

图2-178 郭培 作品　　　　图2-179 奥运会服装 作品

图2-180 路易·威登（Louis Vuitton）2011 春夏

图 2-181 The Blonds 2011 秋冬

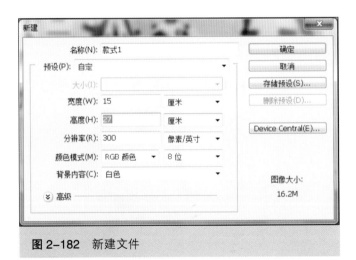

图 2-182 新建文件

现得淋漓尽致（图 2-181）。

三、中国主题时装画实例

1. 时装画人体设计

（1）新建文件

新建文件，名称为"款式1"，宽度为"15厘米"，高度为"27厘米"，分辨率为"300像素/英寸"，颜色模式为"RGB"，背景内容为"白色"（图 2-182）。

（2）绘制人体与线稿

绘制适合中国主题气质的人体模特可以用【钢笔工具】绘制人体，用【油漆桶工具】填充肉色，再用【减淡工具】和【加深工具】做出人体三维立体效果，再在人体上面用【钢笔工具】绘制出中国主题时装的路径，再用【画笔工具】描边（图 2-183）。

2. 时装画色彩设置

（1）添加头部结构

此案例找到复合中国主题的人物模特的头部素材，并绘制出相应的手与脚的造型，方法如前面章节所介绍，这里不再重复（图 2-184）。

图 2-183 绘制线稿

图 2-184 绘制头部与人体

75

图 2-185　绘制面料

（2）添加服装拼接效果

先用【磁性套索工具】🔲分别建立口袋、袖子、领子的选区，填充相对应的颜色（图2-185）。

（3）添加图案效果

首先打开想要添加的图案，然后用【移动工具】➕将其移动到合适的位置（图2-186）。

（4）保存文件

按"文件—存储"为"款式1"，分别保存两种格式：一种是PSD格式，这种格式可以保留原始图层，方便日后修改；另一种是JPEG格式，这种格式方便浏览（图2-187）。

（5）款式2最终效果

用以上同样方法绘制款式2（图2-188）。

（6）款式3最终效果

用以上同样方法绘制款式3（图2-189）。

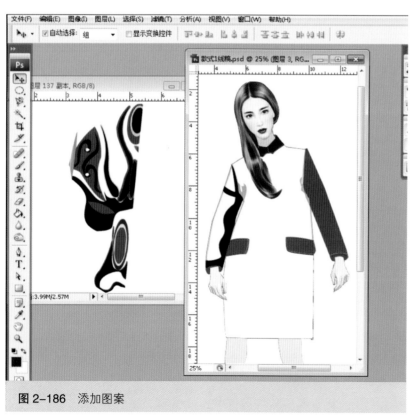

图 2-186　添加图案

图 2-187　款式 1 完成稿

（7）款式4最终效果

用以上同样方法绘制款式4（图2-190）。

（8）款式5最终效果

用以上同样方法绘制款式5（图2-191）。

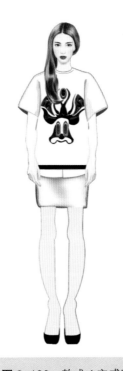

图2-188　款式2完成稿　　　　图2-189　款式3完成稿　　　　图2-190　款式4完成稿　　　　图2-191　款式5完成稿

3. 时装画背景设置

（1）合并图层

新建文件，名称为"中国主题服装效果完成图"，宽度为"40厘米"，高度为"27厘米"，分辨率为"300像素/英寸"，颜色模式为"RGB"，背景内容为"白色"（图2-192）。

（2）拖动款式1~5到画面合适的位置（图2-193）

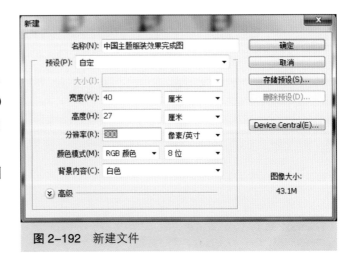

图2-192　新建文件

图 2-193　合并图层

（3）建立"款式1"的重影效果

选择【移动工具】⊹，将"款式1"所在的"图层1"按住【Alt】向下拖动，即可复制一个"图层1副本"，调低"不透明度"为"31%"，并用【移动工具】⊹将其与之交错开来，形成重影的效果（图2-194）。

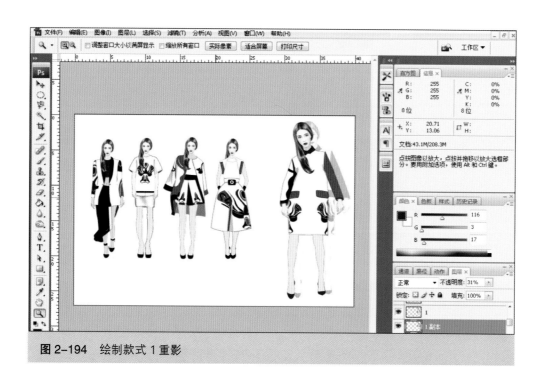

图 2-194　绘制款式 1 重影

（4）建立"款式2"的投影效果

用【钢笔工具】沿着"款式2"的人体外轮廓勾勒下来，然后新建"图层2副本"，填充黑色，按住【Ctrl+T】键"自由变换"，旋转到合适的位置，即可完成"款式2"的投影效果（图2-195）。

（5）建立"款式3"的投影效果

用【钢笔工具】沿着"款式3"的人体外轮廓勾勒下来，然后新建"图层3副本"，填充黑色，按住【Ctrl+T】键"自由变换"，旋转到合适的位置，即可完成"款式3"的投影效果（图2-196）。

（6）建立"款式4"的投影效果

用【钢笔工具】沿着"款式4"的人体外轮廓勾勒下来，然后新建"图层4副本"，填充黑色，按住【Ctrl+T】键"自由变换"，旋转到合适的位置，即可完成"款式4"的投影效果（图2-197）。

（7）建立"款式5"的投影效果

用【钢笔工具】沿着"款式5"的人体外轮廓勾勒下来，然后新建"图层5副本"，填充黑色，按住【Ctrl+T】键"自由变换"，旋转到合适的位置，即可完成"款式5"的投影效果（图2-198）。

图2-195　绘制款式2投影

图2-196　绘制款式3投影

图2-197　绘制款式4投影

图2-198　绘制款式5投影

（8）添加背景和边框
用【钢笔工具】 绘制出边框效果，并将背景图层放置到所有图层的最下端（图2-199）。

（9）系列效果图完成
通过草图、人体与服装、上色、背景合成等过程，最终完成效果图（图2-200）。

图2-199　添加背景和边框

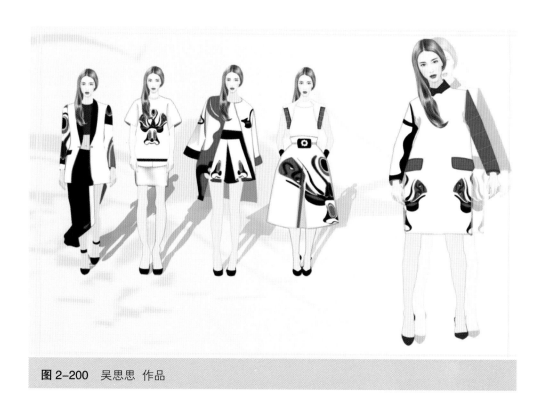

图2-200　吴思思　作品

图 2-201 PSD 格式

（10）保存文件

最后按"文件—存储"为"未来主题服装效果完成图"，分别保存两种格式：一种是 PSD 格式，这种格式可以保留原始图层，方便日后修改（图2-201）；另一种是 JPEG 格式（图2-202），这种格式方便浏览。保存后可在电脑保存的路径找到这两个格式的快捷方式（图 2-203）。

图 2-202 JPEG 格式

图 2-203 快捷方式

（11）打开文件

双击文件的快捷方式即可打开图片浏览（图2-204、图2-205）。

图 2-204　效果图完成稿

图 2-205　吴思思　作品

第三章

时装画大师作品欣赏

伴随着时装业的发展，产生了许多令人敬仰的时装画大师，他们以独特的视角、天马行空的想象力和风格迥异的表现方法为时装业披上一层更加炫目、更加神秘的外衣。在他们的画笔下，我们看到的是一个个激情澎湃、独一无二、优雅内敛的内心世界。接下来，让我们共同欣赏各位大师的作品，希望在时装画创作的道路上能为大家带来一些新的启迪。

时装画不仅是服装设计中重要的构思表现形式，同时在服装销售中也充当着重要角色，起到了积极的宣传推广作用，诠释其品牌理念。例如创立于1991年的服装品牌"淑女屋"，大量的蕾丝花边、荷叶边，柔和的高明低纯色彩的运用，为消费者呈现出一种邻家女孩般的梦幻情怀。作为一个有故事的品牌，作为一种有力的宣传手段，在其卖场的装修装潢上运用了大量的主题时装画，柔美的线条、粉嫩的色彩，使画面表达出一种浪漫而又清新的少女情怀（图3-1、图3-2）。

主题时装画具有独立的审美价值，它与服装样式色彩的流行是同步的，能够反映出时代发展的特征与审美标准，也能够准确地表达出设计师当时的设计理念和创作意图，甚至画面背后所要展现的文化特征、生活方式等也都会在画中有所体现。

图3-1 "淑女屋"作品（一）

图3-2 淑女屋"作品（二）

（一）性主题时装画欣赏

阿图罗·埃琳娜的绘画以写实风格为主，同时人物的身材设计又极为性感，产生了很强的视觉冲击力（图3-3）。

美女与野兽的性主题作品，画面中美丽女孩的长发处理细腻而又充满理想主义色彩，无限延伸了读者的想象力。黑白色块的对比使画面带来强烈的视觉冲击力（图3-4）。

图3-3　阿图罗·埃琳娜（Arturo Elena）作品

图3-4　劳拉·莱恩（Laura Laine）作品

（二）复古主题时装画欣赏

来自法国的插画师卡洛琳·安卓(Caroline Andrieu) 喜欢用画笔记录秀场瞬间，其画风偏向写实风格，画笔下的人物真实而又细腻，线条流畅飘逸，带来强烈的复古艺术感受（图3-5）。

图 3-5 卡洛琳·安卓（Caroline Andrieu）作品

在本幅作品中，作者将服装部分进行大色块的概括性处理，更加凸显出画面中人物的服装配饰和五官精致柔美的感觉（图3-6）。

图 3-6 卡洛琳·安卓（Caroline Andrieu）作品

（三）民族主题时装画欣赏

图3-7 阿图罗·埃琳娜（Arturo Elena）作品

此作品中，作者夸张地表现出了模特的身高，修长的腿部线条把此件民族感很强的时装表现得更加完美（图3-7）。

此作品以写实的手法表现出了人物精致的五官，蓝色的服装上精美的民族图案让读者感受到了民族与现代设计相结合的艺术气息（图3-8）。

图3-8 卡洛琳·安卓（Caroline Andrieu）作品

（四）嬉皮士主题时装画欣赏

此作品以写实的手法表现印花图案的时装，体现了嬉皮士喜欢花朵、追求自由的性格特征（图3-9）。

图3-9 卡洛琳·安卓（Caroline Andrieu）作品

此作品以迷离的神情、红色带孔条纹上衣、长长的辫子搭配表现出了嬉皮士放荡不羁的自然风格(图3-10）。

图3-10 卡罗琳·安德里厄（Caroline Andrieu）作品

（五）雅皮士主题时装画欣赏

本作品中模特的妆容、发型和服装凸显了都市高品质女性的形象，作者采用无彩色系绘制了画面大部分内容，宝蓝色的印花衬衫使画面更具时尚感（图3-11）。

图3-11 卡洛琳·安卓（Caroline Andrieu）作品

图3-12 阿图罗·埃琳娜（Arturo Elena）作品

雅皮士是指西方国家中上进的年轻人，他们一般都受过良好的高等教育，思想前卫、能够快速接受新事物，懂得享受生活。这类时装画的主要表现内容是精英人群的着装风格，精致考究又略带一点花哨和不羁，他们生活讲究，充满小资情调（图3-12）。

（六）朋克主题时装画欣赏

戴维·道腾善于掌握人体形态，线条简洁大气，粗细有致，表现出人物的气质特征（图 3-13）。

图 3-13 戴维·道腾（David Downton）作品

图 3-14 阿图罗·埃琳娜（Arturo Elena）作品

阿图罗·埃琳娜笔下的女性个个都是修长的比例，纤细的身材，充满了无限的风情。在绘画布局和元素设计上，其独到的想法也为画面增添了动感元素（图 3-14）。

图3-15 阿图罗·埃琳娜（Arturo Elena）作品

（七）未来主题时装画欣赏

本作品中人物身着的服装呈现出银色的金属质感，流畅的线条，机械感十足的设计元素，人物的发饰以及背部的金属翅膀，都体现出充满科幻想象的未来主义风格（图3-15）。

未来主义是发端于20世纪的艺术思潮。工业产品中汽车、飞机等工业产品的迅猛发展象征了人类科技对于自然的征服。这类表现出充满未来感设计元素的时装画作品，给人带来科幻想象的空间（图3-16）。

图3-16 佚名 作品

（八）中国主题时装画欣赏

图 3-17　徐喆 作品

20 世纪 90 年代，我国服装行业迅猛发展，优秀的设计师和服装画师亦不断涌现，他们以自己的艺术语言活跃在我国的时装画领域。本作品是中国水墨画与西方油画的完美结合（图 3-17、图 3-18）。

图 3-18　徐喆 作品

参考文献

［1］刘晓刚.女装设计［M］.上海：东华大学出版社，2008.

［2］卞向阳.服装艺术判断［M］.上海：东华大学出版社，2006.

［3］邹游.时装画技法［M］.北京：中国纺织出版社，2009.